物理学実験

近畿大学理工学部物理学実験室 編

学術図書出版社

目　　次

1.	はじめに	1
2.	実験の準備からレポート提出まで	2
3.	測定値と誤差	8
4.	基本的な器具	20
実験 1.	伸びによるヤング率	25
実験 2.	ねじれ振り子による剛性率	28
実験 3.	ばね定数 ― バネの伸び測定と周期測定 ―	34
実験 4.	重力加速度 g の測定 1	42
実験 5.	重力加速度 g の測定 2	48
実験 6.	金属球の平均速度測定	55
実験 7.	電流による熱の仕事当量	59
実験 8.	気柱の実験	63
実験 9.	光の回折	67
実験 10.	屈折率	72
実験 11.	ニュートンリング	76
実験 12.	固体の線膨張 1	80
実験 13.	固体の線膨張 2	84

実験 14. コンデンサーの充放電	**87**
実験 15. 電気抵抗の温度変化	**92**
実験 16. 等電位線の測定	**97**
実験 16-1. 等電位線の測定 I	**97**
実験 16-2. 等電位線の測定 II	**103**
実験 17. オシロスコープ	**109**
実験 18. e/m の測定	**120**
実験 19. 放射線の測定	**125**
実験 20. 両親媒性分子の長さの推定	**132**
付表　諸定数表	**137**

1. はじめに

　われわれが物理実験を行い，それによって目的とする物理量についての測定値を得ようとする場合には，まず実験の目的，およびその物理的意味や方法などについて，実験を行う前に，十分の理解をもっていなければならない．実験に使用する装置や器具についての基礎的な知識をもつことも同様に大切なことである．また，実験を終わったあと，得られたデータをいかに合理的に整理するか，測定結果についてはどのような吟味をなすべきか，測定方法についての反省と工夫，さらに同じ実験装置を用いて，物理的対象のどのような別の側面が測定可能であるか，これらについて，実験者はつねにさまざまな面からの考慮を払うことが要請される．

　以下において，本書で述べられるものは，理工系の基礎物理学実験に準拠するいわゆる"学生実験"であって，研究実験を主眼とするものではない．したがって，実験の方法や装置は必ずしも最新のものではなく，その多くは従来から繰り返し試みられてきた実験の方法であり，また実験の装置である．しかしながら，このような基礎実験を通して将来の研究実験の基礎が築かれ，その展望が培われることはいうまでもない．実験者はこれらの実験における方法や装置を通じて実験そのものに習熟し，将来の研究実験に備えることが期待されるのである．

　実験者の実験に対処する態度の基本は"研究的である"という一語に尽きるといってもよかろう．実験全体の機構を正確に把握すること，あるいはなぜそのような実験結果が得られたか，つまりその原因と結果についての明確な見通しをもつこと，これらが実験者に対する基本的な要請である．

　そこで，これから実験を受講する際に注意すべき事項と実験によって得られたデータを整理する際に必要とされる事項について，その概略を説明していくことにしよう．

2. 実験の準備からレポート提出まで

　実験は，未知であるからこそ，それを明らかにするために行うものである．未知なのは単に結果のみならず，そこへ至るための過程もまた未知である．それは実験者が自ら見つけ出していかなければならない．しかし，ここで行う"学生実験"は指針としてのテキストがあり，また得る結果もあらかじめほぼわかっている．つまり，より高度な実験を行う能力を養うための"実習"を行うのである．受講者はこのことを念頭におき，次の2つの点で自ら訓練するように心がけてほしい．

- 自主的に，納得しながら発展的に進める．
- チーム・ワークが必要な実験テーマでは共同実験者に気を配る．

2.1 下調べ

　実験室での時間は限られている．実験室に入ったら，ただちに戸惑うことなく作業に取りかかれるように，準備がなされていなければならない．当日初めてテキストを開くようでは単に機械的に手順を追うのに精いっぱいで，実験者として最も肝心なものが欠落してしまう．また，共同実験者間にスタートから食い違いが生じ，よいチーム・ワークで協力し合うことができなくなる．

　下調べではテキストによく目を通し，どのような実験であるのかを把握して，およその手順などが頭に入れておく．また，重要と思われる点や，疑問のある点をチェックしておくことも必要で，できれば他の本や資料により調査，学習しておく．

2.2 実験室で

装置のテスト

　いきなり装置や器具をセットして，実験を始めるわけにはいかない．その前に，それぞれのパートがどのような機能をもっていて，全体の中でどのような役割をするのかということを知るとともに，それが正常に動作することを確認しなければならない．そのために装置をよく観察し，必要に応じて，その部分単独で動作をチェックしておく．

作業の分担

　はじめに共同実験者の間で，実験内容についての検討をしながら手順を決める．そして作業を固定せずに分担し，適当な区切りで交替すると各人が多くの経験ができるであろう．ただし，一連のデータ測定の途中で交代することは避けなければならない．

進行状況のチェック

　測定が始まって，データが出始めたら，なるべく早いうちに概算でよいから，最終目的とするものを計算してみる．つまり，同じ測定を繰り返す前に，まず，そのやり方をチェックして，先の見通しを立てておくことが大切である．これによって，つまらないミスによる時間の浪費を防ぐことができ，また以後の進行に臨機応変な処置と発展性をもたせることができる．よく見かける悪い例は，測定は測定，計算は計算，と切り離して考えてしまい，測定をまず何十回も行って，器具を片づけてから計算に取りかかるというやり方である．これではミスが見つかったときも，時間切れで終わってしまうことになりかねない．要は，データが1つ2つ出たらすぐ概算をしてみることである．

グラフの活用

　実験のデータは多くの場合，グラフに表すことが可能である．テキストに指示されている場合だけでなく，数値はできるだけ，**表にして記録すること**と，**グラフにしてみること**を心がけるべきである．グラフは原則として，**測定しながらプロットしていく**のがよい．そうすることによって，おかしな値が出たときすぐに気がつき，その場でやり直してみることができるのでたいへん能率がよい．またグラフや表などで，数字だけで単位がまったくつけられていないものを見かけるが，物理学では数字と単位は一体のもので，数字に単位があってはじめてデータといえることを忘れないように．

2.3　実験ノートの作成

- **実験に関するすべての記録を1冊のノートに書く．生（なま）の記録であり，あとから清書する必要はない．**
- **一度記録した事柄は測定データも含めて消しゴムで消さないこと．不必要になった事項は×印などを上書きして残しておく．**

　実験を行う際に，必要で欠かせないものは**実験ノート**である．この目的にはきちんと1冊に綴られたノートブックがよく，物理学コースでは実験ノートを配布している．ルーズリーフ式のものや，ファイル式のものは好ましくない．データや計算をあり合わせの紙片や他教科のノート，あるいはこのテキストなどに書きつけることは，**絶対にしてはならない**．なぜならば，実験者にとって，記録した時間の順番に並んだ生（なま）のデータやメモは最も大切なものだからである．

　一般に実験のデータは数値あり，計算あり，グラフあり，あるいは図やメモもある，というようにいろいろな形をとる．しかもこれらは他の作業をしながら記録されることが多い．あり合わせの紙片に書いていると，ただでさえ整理しにくいものを，一層混乱させることになるだけでなく，貴重なデータの紛失の恐れも出てくる．また実験のいろいろなデータは，その順序が非常に意味をもつものであり，よほどうまく整理をしないと収拾がつかなくなってしまう．

以上のような事情を考えれば，すべての記録が1冊の実験ノートに書かれていることの利益は明らかである．

　実験ノートは実験の進行と同時にページが埋められていくものであり，生(なま)の記録でなければならない．実験中に取った走り書きのメモを，あとできれいに清書するという性質のものではない．書き写せば間違いが入る可能性もあり，時間的なロスも大きい．実験のデータはできるだけその場で処置してしまうのが最もよい．ノートには読み取った数値の表，計算，図，あるいは気づいた点を2～3行にまとめたメモや，場合によっては斜線で消した箇所などがあり，多少乱雑な記入になるかもしれない．しかし実験ノートが美しく書かれているのはむしろおかしいのであり，それよりも内容が正確に明瞭に記録されていることが肝心である．

　最後に一言つけ加えるならば，数字が並べられているだけで，何の値かということの説明がないような記録をしないことが大切である．面倒に思えても，ちょっとした説明や図解を書いておくと，後に大いに助かるものである．

　ノートの紙面をぜいたくに使うことは，正確かつ明瞭にする1つのコツかもしれない．

実験の終了

　データを取り終わるや否や，さっさと装置の電源を切ったり，片づけてしまったりするのは非常にまずい．得られたデータが目的とするものを正確に与えてくれるかどうかを確認するまでは，いつでも再度測定できるようにしておく．片づける前に，一応の結果をテキスト巻末の資料などと比較してみる．この場合はもちろん，概算で十分である．こうして大したミスもなく，結果もある程度満足できると判断したら，担当教員に報告し，指示を受ける．

　最後に，この実験で問題点はないかどうか，あるいは用いた装置の性能は結果にどの程度の精度を期待させるものか，等々を考察し調べておく．たとえば，ダイアルを回して指標を何かに合わせ，そのときの目盛を読み取る，という測定をした場合，指標に合うと思われる位置にはある程度の幅があるのが普通である．このような場合，その幅が，どれくらいのものであるかということを，**実際にその状態を再現して定量的にみておく**ことが非常に重要である．これによって結果の信頼性を把握できるし，あるいはまた，このような細かい注意が，より一層発展したよい方法を見つけることにつながる．途中を振り返ってみて気になる点があれば，その状態を再現し，納得のいくまで調べる．あるいは，もっとよい方法が見つかれば，状況の許す範囲で実際に試してみるのもよい．このほか，そのときに検討しておかなければ，あとからでは遅すぎるという事柄が多いものである．そのような点も含めて，共同実験者の意見がまとまり，自分自身も納得できたら教員に報告して，最後に装置，器具を元の状態に復して実験を終了する．

2.4　レポートの書き方

- 要点を要領よく自分なりにまとめる．

- 「考察」として，得た結果に対する客観的根拠に基づいた主張，評価を述べる．

あるテーマについて学術研究を行った場合，その結果は世に発表されてはじめて意義をもつことになる．発表は論文の形で行われ，論文は研究に関する報告書，つまりレポートである．ある研究について動機から結果までをうまくまとめて発表することは非常に重要な事柄である．そのための訓練のつもりでレポートを書くとよい．学生実験のレポートは，学術論文とはかなり趣を異にするが，自分の行った実験についてその内容，経過，結果，そして自分なりの検討と考察をまとめる．以下にレポートに必ず書かなければならない項目について，順を追って説明するものである．この項目分けの仕方は一例であって，これが唯一のものではない．自分で工夫してよい．しかし，ここで行う実験のレポートの内容としては，たいていは以下のような項目分けが適当であろう．

1. 目　　　的　　5. デ　ー　タ
2. 理　　　論　　6. 計算，誤差計算
3. 装　　　置　　7. 結　　　果
4. 方　　　法　　8. 考　　　察

1. 目　　的〜4. 方　　法

これらの項目の内容はテキストの本文とほぼ同じでよい．しかしよく見かける悪い例は，一字一句テキストなどの丸写し，というものである．テキストでは，「理論」や「方法」の項目は解説的あるいは説明的に書かれている．それははじめての実験者の理解を助けるための配慮でもある．また，直接必要ではないがその事柄に関連する基礎的なことや参考になることも書かれている．これらのすべてがレポートに必要というわけではない．したがってレポートを書く場合に，テキストの内容を取り入れることは一向に構わないが，自分なりに取捨選択した要点が簡潔にまとめられていることが必要である．

また，当然のことであるが，理論，方法の内容は実際に行ったことと具体的に一致していなければならない．実験室ではテキストのやり方と違うことを行うこともしばしば起こる．そのような場合には，レポートにも実際に合致したことが書かれていなければならない．

要はテキストを参考に自分が理解した理論や実行した方法を，第三者にわかるように要領よくまとめ，書き表すことである．

5. デ　ー　タ

たとえば，マイクロメータのダイアルの読みの値やメータの針の指示値など，いろいろな計測器によって得た生(なま)の数値を明瞭に記す．これは表にするのが最もよい．その場合，数値には単位を必ずつけておく．そして大切なことは，そのデータが取られた条件や状況がはっきりわかることである．文章で簡単な説明をつけておくことも非常に有効である．測定量を記号で表す場合にはその定義も忘れずに記入しておく．

6. 計算，誤差計算

データから結果を算出する過程でその基になる式，計算方法，計算結果，等々のポイントを

簡潔にまとめておく．単純な加減乗除の数値式などは1, 2例を示す程度でよく，あとは計算結果が表としてまとめられていればよい．計算は数字だけでなく，単位も含めて行う．

誤差計算は，内容をよく考えながら行うこと．ただ機械的に公式を当てはめて，誤差と称するものを算出しても意味がない．誤差は実験そのものの信頼性を定量的に表すものであって，「考察」の項目と密接な関係がある．まずその測定には，どのような種類の誤差が入り込むかをよく考えた上で，それが結果にもたらす不確定さを定量的に求めるのが誤差計算である．誤差には「**偶然誤差**」と「**系統誤差**」があるので，この区別をはっきり認識することが肝心である．たとえば，振り子の周期を計るときに風が吹いていて，それが周期にかなりの影響を与えたとすると，この場合には単なる測定値のばらつき(偶然誤差)を計算することよりも，風の影響(系統誤差)を見積るほうが，よほど大切である．

7. 結　果

いうまでもなく，目的に相呼応する最も大切な項目である．たとえば，「回折格子」の実験ならば，レーザーの波長を求めることが目的であるから，

$$\lambda = 659 \pm 8 \, \text{nm}$$

というように，はっきりと1つの結果を書く．

実験によっては，同じ測定を繰り返して行って複数個の値を得るものもある．その場合には平均をとるなどの適切なデータ処理を行い，1つの値を結論として導き出したものが結果である．

8. 考　察

結果が得られたら，それについていろいろな面から検討を加えなければならない．ほとんどのテーマは目的として何かの値を求めるようになっている．まず，得た値をテキスト巻末の資料などと比較してみる．それによって自分の行った実験に大きなミスがなかったかどうかの判断ができる．その上でさらにもう少し詳しく定量的な考察をすすめる．「考察」に何を書いたらよいのかわからない，と嘆く者をよく見かけるが，これは実験室で何も考えずに，レポートを作成するときになって頭の中からひねり出そうとするからである．もちろんレポート作成の段階でも十分な検討，考察が必要であるが，実験の現場で，そのとき，いかによく考え，いかに注意深く行ったか，ということがレポートの内容を決めてしまうのである．

具体的内容は p.4 の**実験の終了**の項目に書かれている．要するに「考察」の項では自分の実験で得たデータの信頼性を検討することが第1に必要なことである．その場合，結果がむしろ満点でないときのほうが書くことは多くなるであろう．

なお，当実験室ではレポートは枚数制限などはないが，用紙のサイズはA4版を使用し，1枚目には必要事項を記入して貼り付け，表紙とすることになっている．そして，全ページを確実に綴じて提出すること．提出までの期日や提出方法，返却方法などについては実験担当者の指示に従うこと．

2.5 テーマ割当表について

初回の授業においてグループ分けや担当教員，実験に関する注意事項などの説明があるので，自分のグループや実験の予定を十分に理解しておくこと．

1. テーマ割当表には実験日ごとに実験テーマ，グループ，そのグループの担当教員名などが書かれている．
2. 実験場所はテーマによって定められているので，実験日には各自の実験テーマの場所に行き，装置の準備をして実験を始める．

2.6 安全への指針

実験とは本来，危険を伴うものであるので，実験者自身が安全に実験を行うとともに，空気，水などの環境を悪化させないように努めなければならない．実験室内に入れば，安全に対する意識を強くもたなければならない．物理学実験では特に危険な機器は使用しないが，次のような事項には留意すべきである．

1. 実験者は自らの体調をよくして，実験を真剣に行うこと．特に室内でいたずら，悪ふざけなどは絶対に行ってはならない．
2. 実験の目的，装置の取り扱い方を十分に理解してから実験を開始すること．電気による感電，ガラス器具による切傷，器具の落下，蒸気によるやけど，可燃性ガスの爆発，レーザー光の直視，放射性同位元素による被曝などの防止については実験指導教員の説明と指示に従うこと．
3. 有害廃棄物は必ず大学の処理基準に従って処理すること．
4. 安全要覧（実験者のための災害防止と応急処置）近畿大学編を参考にすること．

3. 測定値と誤差

3.1 数値計算

（1） 有効数字

測定結果を表す数値において，位取りを示すために用いる数字を有効数字と呼ぶ．たとえば，ある物体の質量を測定して，21.3 mg と得られたとすると，この場合，2, 1, 3 は有効数字であり，有効数字の桁数は 3 桁であるという．小数点の位置には無関係であることに注意．

測定値は，有効数字の部分と位取りの部分に分けて書くこと．
たとえば，210 mg と書いておくと，最後の 0 は測定の結果 0 だったのかそれとも 2, 1 と読んで百の位だから 210 と書いたのかわからない．もし前者であれば有効数字は 3 桁で，2.10×10^2 mg と書き，後者であれば有効数字は 2 桁で，2.1×10^2 mg と書く．

（2） 加減

たとえば，次のような表現は誤りである．

$$3.1\,\mathrm{cm} + 4.21\,\mathrm{cm} = 7.31\,\mathrm{cm} \tag{1}$$

なぜなら，第 1 項の測定値は，mm の位までしか読んでいない．もし 1/10mm の位まで読んで，それが 2 であったとすれば

$$3.12 + 4.21 = 7.33$$

となるし，それが 3 であったとすれば

$$3.13 + 4.21 = 7.34$$

となり，式 (1) において右辺の 7.31 の最後の 1 は信用できない無意味な数字であるといえる．したがって，式 (1) の計算は次のように改めなければならない．

$$3.1 + 4.21 = 7.3$$

引き算も同様に，**精度の悪いほうに位をそろえて計算する．**

（3） 乗除

掛け算の場合はどうであろうか．たとえば，電圧 3.1 V，電流 4.21 A を得て電力を計算する場合を考える．つぎのような表現は誤りである．

$$3.1\,\mathrm{V} \times 4.21\,\mathrm{A} = 13.051\,\mathrm{W} \tag{2}$$

前と同様に，左辺第1項は 1/10 V の位までしか測定していない．もし 1/100 V まで測定した結果，それが2であったとすれば

$$3.12 \times 4.21 = 13.1352$$

となり，式 (2) で小数点以下は信用できないことがわかる．式 (2) は次のように改めなければならない．

$$3.1 \times 4.21 = 13$$

一般に，積商の計算では，結果は**有効数字の桁数が小さいほうに支配される**．したがって，測定は有効数字の桁数がそろうように行うべきで，1つの数値だけをやたらと詳しく測定してもまったく無意味になる．割り算についても同様である．

なお，加減乗除の組み合わせにおいては，各計算手順ごとに有効数字の桁を合わせる (膨大な計算を行って最後に有効数字を考慮するのではない)．

例1

粘性係数の計算について，上に述べたことを実際に応用してみよう．粘性係数が

$$式 \quad \eta = \frac{\pi a^4 \rho^2 ght}{8\ell M} \tag{3}$$

におけるとき，測定結果が次のように得られたとしよう．

$$a = 0.0368 \,\text{cm}, \quad t = 307 \,\text{s}, \quad \ell = 71.7 \,\text{cm}$$
$$M = 8.30 \,\text{g}, \quad h = 28.3 \,\text{cm}$$

まず，有効数字が3桁であることに注意して $g = 980 \,\text{cm/s}^2$, $\rho = 1.00 \,\text{g/cm}^3$ を用いて (式中の定数 π や 8 は無限桁数の有効数字をもつと考える)

$$\eta = \frac{\pi \times (0.0368)^4 \times (1.00)^2 \times 980 \times 28.3 \times 307}{8 \times 71.7 \times 8.30}$$

$$= \frac{\pi \times (3.68)^4 \times 10^{-8} \times (1.00)^2 \times 9.80 \times 10^2 \times 2.83 \times 10 \times 3.07 \times 10^2}{8 \times 7.17 \times 10 \times 8.30}$$

$$= \frac{\pi \times (3.68)^4 \times (1.00)^2 \times 9.80 \times 2.83 \times 3.07}{8 \times 7.17 \times 8.30} \times 10^{-4} \quad [\text{g/(cm} \cdot \text{s)}]$$

ここまで変形しておいてから位取りの 10^{-4} を除いた因子について，いまの場合，有効数字は3桁なので4桁の計算を行う．この計算は手でも電卓でもよい．4桁まで求めて4桁目を四捨五入する．

結果 $\eta = 1.03 \times 10^{-2} \,\text{g/(cm} \cdot \text{s)}$

3.2 平均値と誤差

実験データを得る際，可能なかぎり正確な値が得られるように，努力し工夫をするのは当然であるが，たとえ測定器の性能がどんなに上がっても，得られるデータには必ず誤差が含まれている．しかし，誤差はやむを得ぬもの，したがって，いくら注意し真剣に実験しても無駄な

ものと早合点してはいけない．誤差という言葉からくる「誤り」というマイナスのイメージに惑わされてはいけない．むしろ，誤差はどの程度「正しい」かを示すものと考えるべきである．

誤差の分類

誤差には，いくつも種類があるというのではないが，「〇〇誤差」という用語がいくつかあり，それぞれ意味するところが異なる．誤差の用語を分類すれば次のようになる．

(1) 原因による分類	(2) 表し方による分類	(3) 実験法による分類
偶然誤差	絶対誤差	直接測定の誤差
系統誤差	相対誤差	間接誤差

(1) 原因による分類

誤差の原因にはいろいろあるが，大別すれば次の2つになる．

偶然誤差：統計誤差ともいう．真の値のまわりに分布する確率的なばらつき(ゆらぎ)による誤差．一般にはこのばらつきはガウス分布をしていると考えてよい．多数回の測定によってこの誤差を小さくすることができる．

系統誤差：統計的な処理ではどうにもならない誤差で，実験装置の欠陥あるいは実験環境などにより入り込む誤差．たとえば，目盛の0の位置がずれていた場合などがこれにあたる．この場合は実験全体についてよく検討し，データを補正する必要がある．

(2) 表し方による分類

ある測定で $X = 2.047\,\mathrm{m}$ が得られ，また何らかの方法でその誤差が $\Delta = 0.004\,\mathrm{m}$ と見積もられたとすると，次の2通りの表し方ができる．

絶対誤差：「誤差は $\Delta = 0.004\,\mathrm{m}$ である」(誤差の大きさそのもので表す)．

相対誤差：「誤差の割合は $\Delta/X = 0.002\,\mathrm{m}(= 0.2\,\%)$ である」(もとの値に対する誤差の割合で表す)．

(3) 実験法による分類

上に述べたような誤差の原因をよく検討して，誤差を正当に評価しなければならない．ここでは統計的処理が可能な誤差について，誤差計算の方法を述べる．

(a) 直接測定の誤差 (直接測定された量の誤差)

ある物理量 x を n 回測定して，その結果が

$$x_1,\ x_2,\ \cdots,\ x_n \tag{4}$$

と得られたとする．この場合 x に対する値は，いくらとすればよいだろうか．まず，n 回の測定による平均値 $\bar{x}$ を求めて，これをこの測定の結果としよう．

$$\overline{x} = \frac{1}{n}(x_1 + x_2 + \cdots + x_n) \tag{5}$$

しかしながら，たとえばある量を2回測定して，第1のグループは31.3, 31.5という結果を得，第2のグループが23.1, 39.7という結果を得たとすると，いずれの場合も平均は31.4となるが，測定値のばらつきを見れば，明らかに第1のグループの場合のほうが「よい」実験結果を得ている．すなわち第1のグループが出した結果のほうが信頼できる．実験の信頼度を表す目安としての誤差をどのように見積もるか．以下に，その概要を述べる．

平均値と各測定値との差
$$\Delta_i = x_i - \overline{x} \quad (i = 1, 2, \cdots, n) \tag{6}$$

を残差と呼ぶ．上の例からもわかるように，残差の大きさ (絶対値 $\sqrt{{\Delta_i}^2}$) が小さいほど信頼のおける測定といえる．Δ_i は各 x_i ごとに異なるから，残差の2乗の平均

$$\Delta^2 = \sum_{i=1}^{n} \frac{{\Delta_i}^2}{n} \tag{7}$$

を分散と呼ぶ．$\Delta = \sqrt{\sum({\Delta_i}^2/n)}$ が測定の信頼度をはかる目安となる．

実際，x の真の値を X として，平均値の誤差[1](平均誤差) を $\sigma = |\overline{x} - X|$ で表すと

$$\sigma = \frac{1}{\sqrt{n-1}} \Delta = \sqrt{\frac{\sum \Delta_i^2}{n(n-1)}} \tag{8}$$

で与えられる[2]．以上をまとめておく．

---

[1] n 回の測定データから平均値 $\overline{x}^{(1)}$ を得たとする．もし別の n 回の測定をしたとすれば，$\overline{x}^{(2)}$ を得たであろうし，さらに別の n 回の測定からは，$\overline{x}^{(3)}, \cdots$ を得たであろう．平均値のデータ $\overline{x}^{(1)}, \overline{x}^{(2)}, \overline{x}^{(3)}, \cdots$ すなわち「n 回測定データの分布の平均値」の集まりもまたある平均値のまわりに分布をする．したがって，「n 回の測定から平均値 $\overline{x}$ を求める」ことを1回だけ行った場合，得られた平均値は，前述の集まりの分布のゆらぎ程度の誤差をもつと考えられる．

[2] σ の導出：各測定値と真の値との差，つまり測定値の誤差を $\varepsilon_i (i = 1, \cdots, n)$ とすると
$$\varepsilon_i = x_i - X = x_i - \overline{x} + \overline{x} - X = \Delta_i + \overline{x} - X$$

$$\sigma^2 = (\overline{x} - X)^2 = \left(\frac{x_1 + \cdots + x_n}{n} - X\right)^2$$

$$= \frac{1}{n^2}(x_1 - X + x_2 - X + \cdots + x_n - X)^2 = \frac{1}{n^2}(\varepsilon_1 + \cdots + \varepsilon_n)^2$$

$$n^2 \sigma^2 = \sum_i {\varepsilon_i}^2 + \sum_{\substack{i \\ (i \neq j)}} \sum_j \varepsilon_i \varepsilon_j = \sum_i {\varepsilon_i}^2 \quad (\text{第2項は } n \text{ が十分大きいと正負が相殺して0となる})$$

$$= \sum_i (\Delta_i + \overline{x} - X)^2 = \sum_i {\Delta_i}^2 + 2(\overline{x} - X) \sum_i \Delta_i + n(\overline{x} - X)^2$$

$$= \sum_i {\Delta_i}^2 + n\sigma^2 \quad (\text{前式第2項で } \sum_i \Delta_i \text{ は式 (6) 定義により0})$$

$$\sigma^2 = \frac{\sum {\Delta_i}^2}{n(n-1)}$$

x について n 回測定を行った結果 $x_1, x_2, \cdots, x_n$ という数値を得たとすると

(1) 平均値を求める　　$\overline{x} = \dfrac{1}{n} \sum_{i=1}^{n} x_i$

(2) 残差を求める　　$\Delta_i = x_i - \overline{x} \quad (i = 1, 2, \cdots, n)$

(3) 平均誤差を求める　　$\sigma = \sqrt{\dfrac{\sum \Delta_i^2}{n(n-1)}}$

(4) 結果　　$x = \overline{x} \pm \sigma$

次に誤差計算の例を示す．

例 2 針金の直径

表 1

i	d_i [mm]	Δ_i	Δ_i^2
1	1.254	-0.9×10^{-3}	0.81×10^{-6}
2	1.251	-3.9	15.21
3	1.259	4.1	16.81
4	1.252	-2.9	8.41
5	1.255	0.1	0.01
6	1.260	5.1	26.01
7	1.253	-1.9	3.61
$\overline{d} =$ 1.2549			$\sum \Delta_i^2 =$ 70.87×10^{-6}

表 1 では小数点以下 3 位で，すでに誤差が現れているから，最終結果も 3 位までとし，平均誤差 (以下，単に誤差と呼ぶ) は切り上げる．この場合，平均誤差 σ は

$$\sigma = \sqrt{\dfrac{70.87 \times 10^{-6}}{7 \times 6}} = 0.00130 \doteq 0.002,$$

結果　$d = 1.255 \pm 0.002 \, \text{mm}$

(b) 間接誤差 (いくつかの量を測定し，それらから間接的に導かれる量の誤差)

たとえば，関数 $y = kx^2$ において，x が $x + \Delta x$ に変化したとき，y が $y + \Delta y$ になるとする．

$$y = kx^2 \tag{9}$$

$$y + \Delta y = k(x + \Delta x)^2 \tag{10}$$

辺々引き算を行って

$$\Delta y = 2kx \cdot \Delta x \quad ((\Delta x)^2 を無視) \tag{11}$$

を得る．したがって，関係式 $y = kx^2$ で与えられる物理量 y に対しては，直接測定が可能な x に Δx の誤差があれば，関係式を用いて得られる y に対する誤差 Δy は，$\Delta y = 2kx \cdot \Delta x$ と

なる．

一般に $y = f(x)$ において $x = \overline{x} \pm \Delta x$ が得られれば

$$y = \overline{y} \pm \Delta y$$

ここで $\begin{cases} \overline{y} = f(\overline{x}) \\ \Delta y = f'(\overline{x})\Delta x \end{cases}$ (12)

によって，y の誤差が計算できる．

さらに一般に y がいくつかの変数 $a, b, c, \cdots$ の関数であり

$$y = f(a, b, \cdots) \quad a = \overline{a} \pm \Delta a, \; b = \overline{b} \pm \Delta b, \cdots \tag{13}$$

が得られれば，y に対する誤差の評価は

$$y = \overline{y} \pm \Delta y$$

$$\overline{y} = f(\overline{a}, \overline{b}, \cdots)$$

$$\Delta y = \sqrt{\left(\frac{\partial f}{\partial a}\right)^2 (\Delta a)^2 + \left(\frac{\partial f}{\partial b}\right)^2 (\Delta b)^2 + \cdots} \tag{14}$$

となる．$\left(\dfrac{\partial f}{\partial a}\right)$ の値は $a = \overline{a}, b = \overline{b}, \cdots$ とおいて計算する．

例 3 ガラスの屈折率

$$n = \frac{x_O - x_P}{x_O - x_{P'}} \tag{15}$$

$x_O, x_P, x_{P'}$ の測定から各平均値と誤差が求まる．

$$\frac{\partial n}{\partial x_O} = \frac{x_P - x_{P'}}{(x_O - x_{P'})^2}, \quad \frac{\partial n}{\partial x_P} = \frac{-1}{x_O - x_{P'}}, \quad \frac{\partial n}{\partial x_{P'}} = \frac{x_O - x_P}{(x_O - x_{P'})^2} \tag{16}$$

であるから，$x_O, x_P, x_{P'}$ の平均値をそれぞれ $\overline{x}_O, \overline{x}_P, \overline{x}_{P'}$，また誤差をそれぞれ $\Delta x_O, \Delta x_P, \Delta x_{P'}$ とすると，屈折率 n の誤差 Δn は

$$\Delta n = \frac{1}{(\overline{x}_O - \overline{x}_{P'})^2} \sqrt{(\overline{x}_P - \overline{x}_{P'})^2 (\Delta x_O)^2 + (\overline{x}_O - \overline{x}_{P'})^2 (\Delta x_P)^2 + (\overline{x}_O - \overline{x}_P)^2 (\Delta x_{P'})^2} \tag{17}$$

となる．

（c）誤差の限界 間接測定において各測定値が及ぼす結果への影響

前の例，$y = kx^2$ についてもう 1 度考えてみよう．

$$y = kx^2 \tag{18}$$

$$\Delta y = 2kx \cdot \Delta x \tag{19}$$

辺々割り算を行って
$$\frac{\Delta y}{y} = 2\frac{\Delta x}{x} \tag{20}$$
を得る．いまの場合，y の相対誤差の大きさは x の相対誤差の大きさの2倍となることがわかる．

一般に
$$y = ka^n \cdot b^m \cdots \tag{21}$$
の形をした関係式の場合は
$$\frac{\Delta y}{y} = n\frac{\Delta a}{a} + m\frac{\Delta b}{b} + \cdots \tag{22}$$
となる．

この式からわかるように，2乗のものは2倍，3乗のものは3倍，… というように，べき数の大きいものほど誤差への寄与が大きい．したがって，それらに対してはより慎重に測定を行う必要がある．

例4 たわみによるヤング率
$$E = \frac{Mg\ell^3}{4eba^3} \quad \text{ただし} \quad e = \frac{h(S_i - S_{i-4})}{2L} \tag{23}$$
各測定値が及ぼす結果への影響をみるため，両辺の対数をとってから全微分を求めた結果から
$$\frac{\Delta E}{E} = \frac{\Delta M}{M} + 3\frac{\Delta \ell}{\ell} - \frac{\Delta e}{e} - \frac{\Delta b}{b} - 3\frac{\Delta a}{a} \tag{24}$$
という式が得られる．これより相対誤差の最大(限界)が次のように与えられる．
$$\left|\frac{\Delta E}{E}\right| \leqq \left|\frac{\Delta M}{M}\right| + 3\left|\frac{\Delta \ell}{\ell}\right| + \left|\frac{\Delta e}{e}\right| + \left|\frac{\Delta b}{b}\right| + 3\left|\frac{\Delta a}{a}\right| \tag{25}$$
右辺の各項を見積ることによって $\left|\frac{\Delta E}{E}\right|$ の最大値がわかる．たとえば，分銅や距離を測るスケールの精度を考慮すれば
$$\left|\frac{\Delta M}{M}\right| = \frac{1}{2000}, \quad \left|\frac{\Delta \ell}{\ell}\right| = \frac{1}{1000} \tag{26}$$
の程度であろう．試料の幅や厚さを最小の読みが 1/20 mm のノギスで測るとすれば
$$\left|\frac{\Delta b}{b}\right| = \left|\frac{\Delta a}{a}\right| = \frac{1}{200} \tag{27}$$
の程度と考えられる．e については
$$\left|\frac{\Delta e}{e}\right| \leqq \left|\frac{\Delta h}{h}\right| + \left|\frac{\Delta L}{L}\right| + \left|\frac{\Delta(S_i - S_{i-4})}{S_i - S_{i-4}}\right| \tag{28}$$
となる．右辺の第1項，第2項は第3項に比べて非常に小さいので，第3項のみを考慮する．S_i を測るスケールの最小目盛が mm で，目分量で 0.5 mm まで読み取るとし，$S_i - S_{i-4} = 80$ mm

とすれば，
$$\left|\frac{\Delta e}{e}\right| = \frac{1}{160} \tag{29}$$
と考えられる．したがって
$$\left|\frac{\Delta E}{E}\right| \leqq \frac{1}{2000} + \frac{3}{1000} + \frac{1}{160} + \frac{1}{200} + \frac{3}{200} < \frac{1}{30} \tag{30}$$
となり，この場合，試料の**厚さ**の測定の精度に大きく依存する．以上の推論により，この場合得られるヤング率 E の有効数字は 2 桁程度と考えられる．

3.3　グ ラ フ

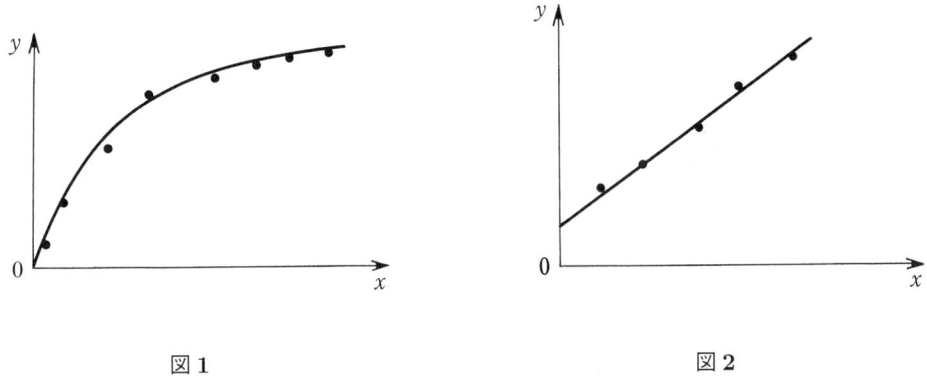

図 1　　　　　　　　　　　図 2

（1）　曲線のグラフ

物理は連続量の学問である．ある物理量 x の変化に対応する他の物理量 y の相関を調べる場合，これをグラフに表すことは問題の見通しをよくする意味で非常に重要なことである．

実験データをグラフに表す際，(x,y) の組に対するいくつかの測定がすべて終わってからではなく，測定した時点ですぐグラフに描き入れていく．これらの点を線で結んでいくときは，点と点を直線で結んで折れ線グラフにするのではなく，大局的になめらかな曲線で結ぶ．

（2）　直線のグラフ

たとえば，ばね秤において弾性限界内でのばねの伸びと載せた物体の質量のように，理論的に直線のグラフとなることがわかっている場合には，実験データが「すべて」直線上に載るように定規を用いて直線を引く．この直線の決定には，次に述べる最小二乗法を用いるとよい．

最小二乗法

ばね秤におもりを載せてばねの伸びを測定し，ばね定数を求める場合を考えよう．測定を行ったところ，載せたおもりの質量 x [g] とばねの長さ y [mm]（ある固定点から測った指標

までの長さ) について表2のようなデータが得られた.

表2

x [g]	y [mm]
1.00	8.3
2.00	16.5
3.00	24.9
4.00	34.7
5.00	42.0
6.00	51.6

このデータから $y = ax + b$ の a, b を決定しよう.

$$S = \sum_i (y_i - ax_i - b)^2 \tag{31}$$

を最小にする a, b を求める.

$$\frac{\partial S}{\partial a} = -2\sum x_i(y_i - ax_i - b) = 0, \quad \frac{\partial S}{\partial b} = -2\sum (y_i - ax_i - b) = 0 \tag{32}$$

したがって,

$$a\sum x_i{}^2 + b\sum x_i = \sum x_i y_i, \quad a\sum x_i + bn = \sum y_i \tag{33}$$

これを解くと

$$a = \frac{n\sum x_i y_i - \sum x_i \sum y_i}{n\sum x_i{}^2 - (\sum x_i)^2}, \quad b = \frac{\sum x_i{}^2 \sum y_i - \sum x_i \sum x_i y_i}{n\sum x_i{}^2 - (\sum x_i)^2} \tag{34}$$

a, b を求めるのに必要な計算を表3にまとめる.

表3

x [g]	y [mm]	x^2 [g^2]	xy [g·mm]
1.00	8.3	1.0	8.3
2.00	16.5	4.0	33.0
3.00	24.9	9.0	74.7
4.00	34.7	16.0	138.8
5.00	42.0	25.0	210
6.00	51.6	36.0	309.6
$\sum x_i = 21.00$	$\sum y_i = 178.0$	$\sum x_i{}^2 = 91.0$	$\sum x_i y_i = 774.4$

表3より, $a = 8.651\,\mathrm{mm/g}$, $b = -0.613\,\mathrm{mm}$ を得る. 直線をグラフに描き入れると図3のようになる.

a および b に対する誤差は, 次の式により得られる.

$$\Delta a = \sqrt{\frac{n}{n\sum x_i{}^2 - (\sum x_i)^2} \cdot \frac{S}{n-2}} = 0.137 \tag{35}$$

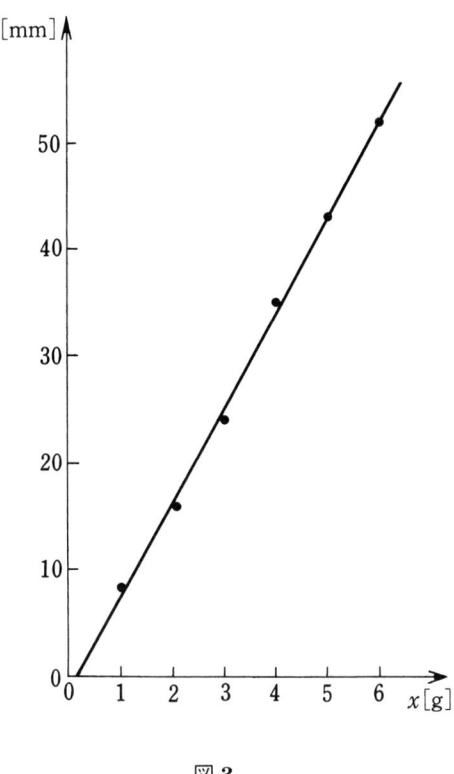

図 3

$$\Delta b = \sqrt{\frac{\sum x_i{}^2}{n \sum x_i{}^2 - (\sum x_i)^2} \cdot \frac{S}{n-2}} = 0.532 \tag{36}$$

1.00×10^{-3} kg 重の力で a [mm]($a \times 10^{-3}$ [m]) ばねが伸びるのであるから，ばね定数は重力加速度 $g = 9.80$ m/s^2 を用いて

$$k = \frac{mg}{x} = \frac{g}{a} = \frac{9.80 \text{ m/s}^2}{8.651 \text{ m/kg}} = 1.13 \text{ N/m} \tag{37}$$

と求めることができる．

k の誤差は $\dfrac{\Delta k}{k} = \dfrac{\Delta a}{a} = \dfrac{0.137}{8.651} = 1.58 \times 10^{-2}$ より $\Delta k = 1.79 \times 10^{-2}$ N/m．
結局，ばね定数は $k = 1.13 \pm 0.02$ N/m となる．

最小二乗法：原点を通る直線フィット

上で，表 2 の測定データに最小二乗法を適用して直線フィットをしたが，ここでは最小二乗法による「原点を通る」直線フィットを考えてみる．つまり，$y = ax$ の a を決定しよう．

式（31）に対応するのは

$$S' = \sum_i (y_i - ax_i)^2 \tag{31$'$}$$

で，これを最小にする係数 a とその誤差 Δa は次式となる．

$$a = \frac{\sum x_i y_i}{\sum x_i^2}, \qquad \Delta a = \sqrt{\frac{1}{\sqrt{\sum x_i^2}} \cdot \frac{S'}{n-1}} \qquad (34)', \ (35)'$$

表2，表3とこれらの式を用いて計算すると，$a = 8.510\text{mm/g}$ と $S' = 1.741$ より $\Delta a = 0.191\text{mm/g}$, $k = 1.152$ N/m となる．k の誤差は上述の方法と同様に計算して，$\Delta k = 2.59 \times 10^{-2}$ N/m であるので，原点を通る直線フィットで求めたばね定数は $k = 1.15 \pm 0.03$ N/m となる．

（3） 対数グラフ

片対数グラフ

コンデンサーの放電の際の時間と電圧の関係のように，一般に指数関数のグラフを描く場合，片対数グラフ用紙を用いると便利である．

$$y = Ce^{-kx} \tag{38}$$

の場合，両辺の常用対数をとると

$$\log y = -(k \log e)x + \log C$$
$$= -0.434\,kx + \log C \tag{39}$$

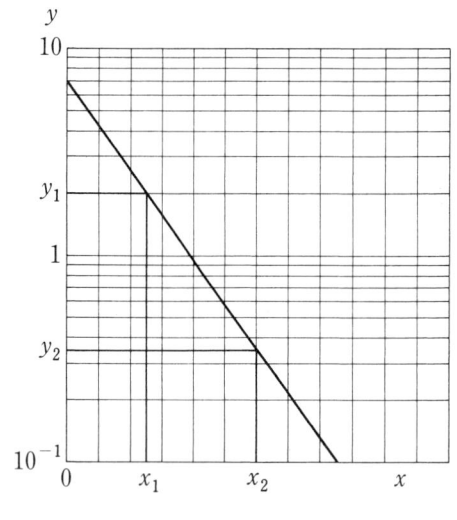

図 4

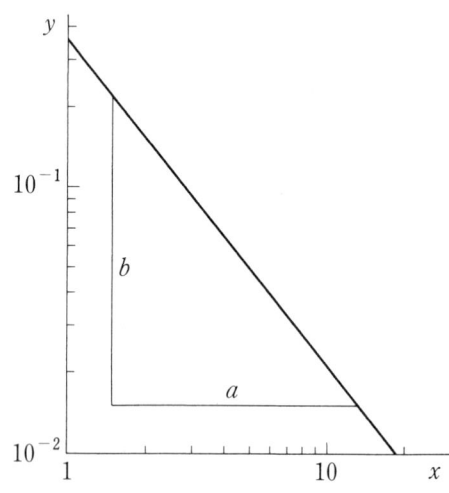

図 5

したがって，縦軸に $\log y$，横軸に x をとるとグラフは直線となり，以下のようにその傾きから k の値が求められる．図 4 において直線上の 2 点を (x_1, y_1)，(x_2, y_2) とすると

$$\log y_1 = -0.434\,kx_1 + \log C \tag{40}$$

$$\log y_2 = -0.434\,kx_2 + \log C \tag{41}$$

辺々引き算をすると

$$\log(y_1/y_2) = -0.434\,k(x_1 - x_2) \tag{42}$$

$$k = -\frac{\log(y_1/y_2)}{0.434(x_1 - x_2)} \tag{43}$$

両対数グラフ

$y = x^n$ のグラフも両対数グラフ用紙を用いると直線で表せる．

$$y = \frac{C}{x^r} \tag{44}$$

の場合，両辺の常用対数をとると

$$\log y = -r \log x + \log C \tag{45}$$

したがって，縦軸に $\log y$，横軸に $\log x$ をとるとグラフは直線となり，その傾きから r が求められる．図 5 において，実際に定規を当てて長さ a, b を読み取る．

$$r = \frac{b}{a} = \frac{9.65\,\mathrm{cm}}{7.83\,\mathrm{cm}} = 1.23$$

4. 基本的な器具

4.1 ノギス-副尺の使用

　長さの測定の最も簡単な方法は，測るべき物体に 1 目盛 1 mm の物差しをあてがって，両端の位置を 1 目盛の 10 分の 1 まで目測で読み，その差をとることである．もっと精度のよい測定を行う場合には，ノギスなどのように副尺のついた物差しを使うことが多い．ふつう，主尺の最小目盛の $n-1$ 目盛を n 等分した副尺が使われているが，これを用いると主尺の最小目盛の $1/n$ まで読み取ることができる．そのわけは，主尺の最小目盛の長さを ϵ とすると，副尺の，目盛の長さは $\epsilon \cdot \dfrac{n-1}{n}$ で，その差は $\dfrac{\epsilon}{n}$ となるからである．図 1 の A は主尺の最小目盛の 9 をとって 10 等分した副尺を示し，図 1 の B はこれを用いて物体の長さを測定する場合で，矢印に示すように副尺の第 7 目盛が主尺と一致するから 3.7 と読み取ればよい．ふつう，測定に用いる図 2 のようなノギスでは 19 mm を 20 等分した副尺がついているから，その精度は 1 mm の 1/20 すなわち 0.05 mm までである．

図 1　副尺

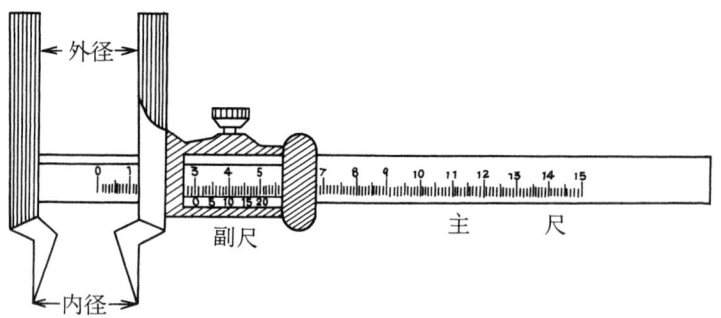

図 2　ノギス

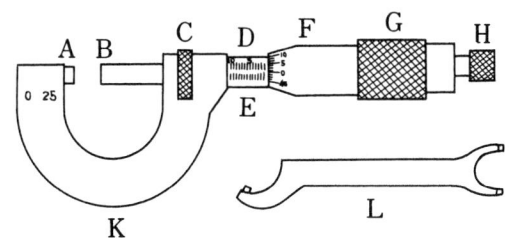

図 3 マイクロメータ

4.2 マイクロメータ

針金の直径などを測定するマイクロメーターは図 3 のように心棒 BH の中央部にピッチ 1/2 mm のおねじがあって CD 部のめねじとかみ合っている．D は mm 尺度，E はこれと 1/2 mm ずれている mm 尺度，F は円筒を 50 等分したダイアルである．左手に K を持ち，直径を測定すべき針金を AB 間にはさみ，右手で H を回転して AB 間をせばめていき，H が軽く空転する程度に針金をはさんだときの尺度 DE により 1/2 mm まで，ダイアルにより 1/100 mm まで，さらに目測をいれると 1/1000 mm まで読み取ることができる．H を回転させて A と B とを密着させたときの読みは必ずしも 0 になっていないので，その読みを上の測定値から差し引いたものを求める測定値としなければならない．いわゆる**零点の補正**が必要である．

4.3 遊動顕微鏡

図 4 に遊動顕微鏡の略図を示す．これは顕微鏡の鏡筒 C が上下および左右に移動できるようになっており，その移動した距離を垂直な目盛と水平な目盛とによって測定する装置である．なお，同じものを読取顕微鏡ともいう．2 点間の距離の精密な測定に用いられる．使用法は，まず水準器 L を見ながら足 AB を調節して台を水平にする．次に接眼鏡 E の部分の黒枠を回して視野内の十字線にピントを合わせる．十字線の向きは鏡筒全体を回転させて調節する．対物レンズ O は目的に応じて一部を取りはずし，倍率を変えることができる．最高倍率は 40 倍，先端の部分を取りはずせば 25 倍，さらにもう 1 つレンズを取りはずすと倍率 5.5 倍の望遠鏡となる．望遠鏡として使用する場合には，鏡筒を水平にして，離れた場所の鉛直距離が測定できる．しかしたいていの場合，実験室に準備されているものは，目的に応じて調節されているから，むやみにレンズを取りはずして傷つけたり，汚したりしないように気をつける．V は上下移動ハンドル，H は左右移動ハンドルである．目盛は垂直，水平とも 24.5 mm を 50 等分した副尺がついているので，目盛板に付属した拡大鏡で主尺と副尺の目盛線の合ったところを読めば 1/100 mm まで読み取ることができる．図 5 に目盛の読み取り例を示す．副尺の O の線は主尺の 84.5〜85.0 mm の間を指している．この場合の 84.50 mm を超えた量が，主尺の目

盛線と合致した副尺の目盛線の読みで与えられる．副尺の1目盛は 1/100 mm の違いに対応するからいまの場合 0.18 mm であり，結局この読みは 84.68 mm となる．これは実験 10 の屈折率，実験 11 のニュートンリングの測定などで用いられる．

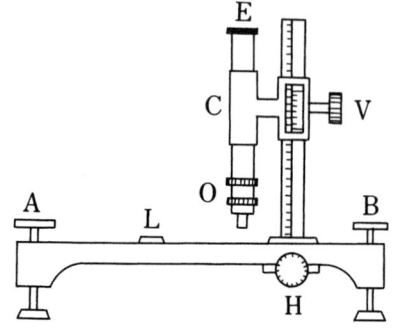

図 4　遊動顕微鏡 (図のものは上下に移動)　　図 5　読み取り方

4.4　気圧計

一端を閉じた長さ 90 cm 程度のガラス管に水銀を充填し，口を水銀だめに浸けて倒立させると，ガラス管の上部にはトリチェリ (Torricelli) の真空ができる．このとき，水銀柱は，大気圧によって押し上げられている．この水銀柱の高さから気圧を測定する装置が Fortin の気圧計である．フォルタン (Fortin) の気圧計の主要部分を図 6 に示す．測定操作気圧計は，全体の支持板を壁や柱にしっかり固定し，本体は鉛直にする．鉛直にするための調節ネジがあるので必要なら調節する．

(1) ゼロ点の調整

フォルタンの気圧計の上部についている目盛は，下部の水銀だめの水銀面を示す白い針 B の先端からの長さを表している．したがって，B の先端が水銀面にちょうど触れるようにすれば水銀柱の高さを正しく測ることができる．ネジ A を回して水銀面を上下させ，針の先端が水銀面に映る影と一致するようにするとよい．

(2) 読み取り

水銀柱の頭 M は表面張力のため丸くなっている．この丸い頭のことをメニスカスという．水銀柱の高さはメニスカスの頂部 M までを測る．メニスカスの形を整えるために，近くを軽くたたくとよい．ネジ C を回すと，副尺 V, V′ が上下に動くので，副尺の前面の下端 V，メニスカスの頂部 M，副尺の後面の下端 V′ の3者が同じ高さになって，水平にそろうように合わせる．こうして，指示値は副尺を併用して 0.1 mm まで読み取ることができ，気圧として 0.1 mmHg の桁までの値を得る．あるいは，並記されている mb の目盛を用いてもよい．

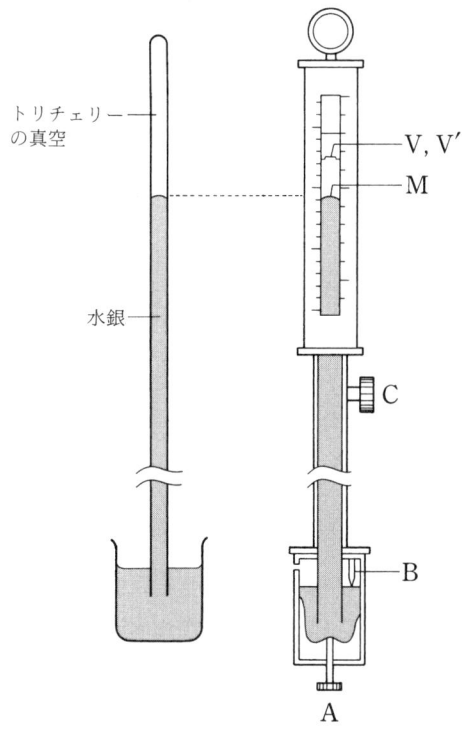

図6 気圧計

(3) 気圧の補正

気圧は，上のようにして慎重に測定すれば，誤差 2～3 mmHg の値が得られる．より正確な値を求めるには次のような補正が必要であるが，詳細は他書に譲る．

　A. 温度補正　水銀および目盛尺度の熱膨張の補正．
　B. 毛管補正　水銀はガラスをぬらさない物質なので，表面張力のために水銀柱の高さが多少押さえられていることの補正．
　C. 重力補正　水銀柱の高さがその場所の重力加速度に依存することの補正．

近畿大学所在地の緯度および経度
　北緯　　34°　38′　50″
　東経　135°　35′　25″

気圧の単位は hPa が使われるので，以下の関係を用いて換算する．

$$1 \text{ mmHg} = 1.33316 \text{ hPa}, \quad 1 \text{ hPa}(\text{ヘクトパスカル}) = 10^2 \text{ Pa}(\text{パスカル})$$

なお，以前に用いられていた mb(ミリバール) とは次の関係にある．

$$1 \text{ mb} = 1 \text{ hPa}, \ 1 \text{ mb} = 10^{-3} \text{ bar}, \ 1 \text{ bar} = 10^5 \text{ Pa}$$

4.5 温湿度計

湿度の定義

空気中に含まれる水蒸気の量を湿度という．

絶対湿度：空気 1 m^3 に水蒸気 f [g] が含まれているとき，密度 f [g/m^3] で絶対湿度を表す．あるいは重量基準では，1 kg の乾燥空気と共存する水蒸気の質量 [kg] で表す．

相対湿度：空気 1 m^3 に水蒸気 f [g] が含まれているとき，その湿度において，含み得る最大の水蒸気 F [g] に対する割合 f/F で定義する．これはまた，そのときの水蒸気の分圧 p と飽和蒸気圧 P の比でもある．これを 100 分率で表し

$$H = \frac{f}{F} = \frac{p}{P} \times 100 \ [\%]$$

を相対湿度として実用的に用いる．

実際に湿度を測る装置としては，乾湿球湿度計が比較的よい値が得られ，安価で簡便であるのでよく使われる．湿度を正確に測定することは一般に容易ではなく，昔からいろいろな工夫がなされ，アスマン (Asmamn) の通風乾湿計，ラムブレヒト (Lambrecht) の露点湿度計などが知られている．このほか，に毛髪湿度計等もある．また，近年は電気的あるいは電気化学的な湿度センサーが開発されており，いろいろな分野で利用されている．

実験 1. 伸びによるヤング率

1.1 目的

サール (Searle) の装置を用いて，おもりを吊るしたときの針金の伸びを測定して，その金属のヤング (Young) 率を求める．

1.2 理論

ヤング率は伸びの弾性率ともいわれる．長さ ℓ，断面積 S の針金に質量 M のおもりを吊るしたときの針金の伸びが $\Delta\ell$ であるとする．このときの応力 (張力) は重力加速度を g として，Mg/S で表され，ひずみ (伸びの割合) は $\Delta\ell/\ell$ で表される．この両者の比は，金属の弾性の限度内で，金属に特有な値であり，比 E をヤング率と呼ぶ．すなわち，

$$E = \frac{Mg}{S} \bigg/ \frac{\Delta\ell}{\ell} = \frac{Mg\ell}{S\,\Delta\ell} \tag{1}$$

針金の直径を d とすると，$S = \pi d^2/4$ であるから，式 (1) は次のように書くこともできる．

$$E = \frac{4Mg\ell}{\pi d^2\,\Delta\ell} \tag{2}$$

1.3 装置と方法

図 1 にサールの装置の外観を示す．水準器 L の一端はフレームの一部の丸棒で支持され，他端はマイクロメータ G のネジの上端に接している．マイクロメータは 1 mm 目盛で最大 20

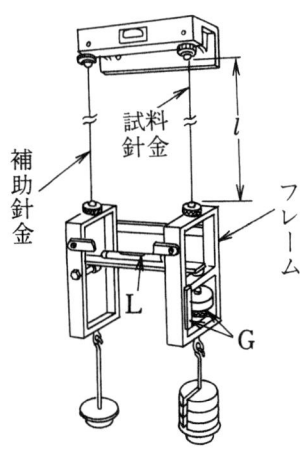

図 1

mm のスケールと 1 mm を 100 等分したダイアルからなり，1/1000 mm まで読み取ることができる (最後の 1 桁は目分量で読み取る)．

このサールの装置により「伸び $\Delta\ell$ を精密に測定する」方法を，以下に述べる．まず測定しようとする針金をなるべくまっすぐになるように引き伸ばし，サールの装置の水準器 L が「正確」に水平になるようにマイクロメータ G のつまみを回して調節する．このときのマイクロメータのスケールとダイアルの目盛を 1/1000 mm まで読み取って a_0 とする．次に試料側の分銅を 1 個 (1 kg) 加えると試料の針金は伸びて水準器の水平が崩れる．そこでマイクロメータを回して水準器を水平にし，スケールとダイアルを前と同じく 1/1000 mm まで読み取って a_1 とする．以下分銅を 1 個 (1 kg) ずつ増加させてそのたびごとに目盛を読み取り，これらを a_2, a_3, a_4, a_5 とする．分銅に対するマイクロメータの読みをグラフに描けば，ほぼ直線になるはずである．さらに今度は a_5 の位置から分銅を 1 個 (1kg) ずつ減少させたときのマイクロメータの目盛 $a_5', a_4', a_3', a_2', a_1', a_0'$ を読み取る．そして a_0, a_0' の平均値を ℓ_0，また a_1, a_1' の平均値を ℓ_1 とし，以下同様に両測定値の平均値 $\ell_2, \ell_3, \ell_4, \ell_5$ を求める．

最後に分銅吊り具だけを残して試料針金の全長 ℓ を mm の程度まで測定し，さらに試料針金の直径を数か所において，マイクロメータで 1/1000 mm まで測定してその平均値を出す (マイクロメータの 0 がずれていれば，測定の読みに対する補正が必要である)．

1.4　測定値と計算

(例) しんちゅうのヤング率

針金の全長　$\ell = 192.7$ cm $= 1.927$ m

針金の直径　$d_1 = 0.998$ mm
　　　　　　$d_2 = 0.999$ mm
　　　　　　$d_3 = 0.997$ mm　　平均 $d = 0.998$ mm
　　　　　　$d_4 = 0.996$ mm　　　　　$= 9.98 \times 10^{-4}$ m
　　　　　　$d_5 = 0.998$ mm

おもりとマイクロメータの読みの平均値の関係をグラフに描くと図 2 のようになる．この例では，図 2 を見てわかるように測定値 ℓ_0, ℓ_1 が直線から大きくはずれている．ℓ_0, ℓ_1 の値は信用できないのでデータからはずすことにする．

$$\ell_5 - \ell_3 = 0.440 \text{ mm} = 4.40 \times 10^{-4} \text{ m}$$

$$\ell_4 - \ell_2 = 0.458 \text{ mm} = 4.58 \times 10^{-4} \text{ m}$$

$$\frac{\Delta\ell}{M} = \frac{(\ell_5 - \ell_3) + (\ell_4 - \ell_2)}{4} = 2.25 \times 10^{-4} \text{ m/kg}$$

$$E = \frac{4 \times 1 \times 9.80 \times 1.927}{3.14 \times (9.98 \times 10^{-4})^2 \times 2.25 \times 10^{-4}} = 1.07 \times 10^{11} \text{ N/m}^2$$

n	おもり [kg]	マイクロメータの読み		
		a_n (増加) [mm]	a_n' (減少) [mm]	平均値 ℓ_n [mm]
0	0	13.089	13.103	13.096
1	1	13.379	13.388	13.384
2	2	13.622	13.642	13.632
3	3	13.854	13.871	13.863
4	4	14.086	14.094	14.090
5	5	14.303	14.303	14.303

注 a_5' の読みは a_5 の読みと同じである必要はない. a_5' を読むときは,一度水準器の平衡を崩してから a_5 の目盛を読む.

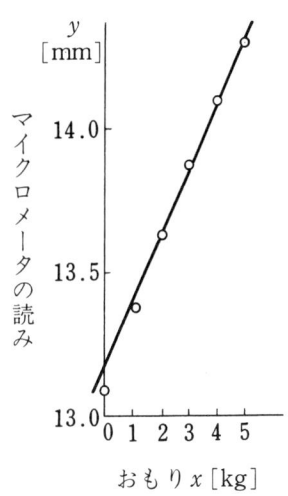

図 2

1.5 結果の吟味

上例で ℓ_0, ℓ_1 が直線から大きくはずれた原因は,針金が真っ直ぐではなく,小さい曲がりがある状態で測定が行われたことにある.この実験の例の場合では,はじめの 2 kg あるいは 3 kg のおもりは針金を真っ直ぐにするためのおもりと考え,そこを出発点として測定を開始すればよい.なお,しんちゅうの弾性の限度は 15 kg 重/mm^2 程度である. $a = 0.5$ mm の針金では 11 kg 以下のおもりであれば心配ない.

このような注意を払い,また,測定の際の水準器が水平を保つように精密に調節してマイクロメータの読み取れば,グラフ上の測定点はほぼ直線上に並ぶ.そのような場合, $\Delta \ell$ の最確値は最小二乗法 (15 ページ参照) により,測定値 $\ell_0, \cdots, \ell_5$ を使い,直線

$$y = \Delta \ell \cdot x + b$$

の勾配として求めることができる.

実験 2. ねじれ振り子による剛性率

2.1 目的
ねじれ振り子の周期を測定し，針金の剛性率を求める．

2.2 理論
剛性率 (ずれの弾性率) は，次のように定義される．図 1 のような直六面体 ABCDEFGH の上下面に互いに反対方向の力 F を加えたとき，物体は体積を変えないで ABCDE′F′G′H′ のように変形する．変形を受けた物体の内部で上下面に平行な平面を考えると，その平面の上から下に働く力と，下から上に働く力とは平面に沿って向きが反対で，大きさは F である．

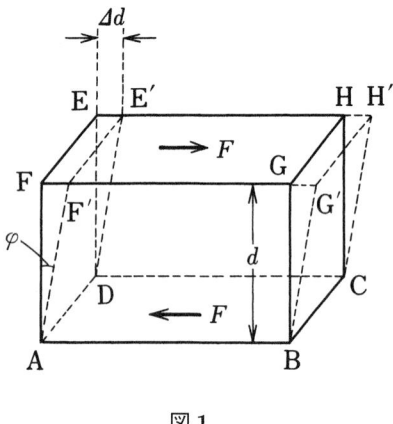

図 1

この力を単位面積あたりに換算したとき，**ずれの応力**といい，これを P で表し，上下面の面積を S とすれば

$$P = \frac{|F|}{S}$$

で与えられる．ずれの角を φ (ADEF 面と ADE′F′ 面のなす角) としたとき，φ が小さい範囲でフックの法則により P と φ は比例し，その比例定数を**剛性率** (または，**ずれの弾性率**) という．すなわち剛性率を n とすれば

$$P = n\varphi$$

で与えられる．上下面の距離を d，上下面の相対変位を Δd とすれば，$\varphi = \Delta d/d$ であり，

$$n = \frac{P}{\Delta d/d}$$

である．

ここで半径 a, 長さ ℓ の針金の上端が固定され，下端が θ だけねじられた場合を考える (図 2)．この針金の半径 r と $r + \mathrm{d}r$ に囲まれた円筒を考え (図 3)，この円筒に働くずれの応力を考える．この場合，ずれの角 φ は

$$\varphi = \frac{r\theta}{\ell}$$

で与えられ，ずれの応力を P とすれば

$$P = n\varphi = n\frac{r\theta}{\ell}$$

である．この円筒の断面積は $2\pi r\, \mathrm{d}r$ であるので，この部分に働く力の円筒軸に対するモーメント $\mathrm{d}N_\theta$ は

$$\mathrm{d}N_\theta = r \times 2\pi r\, \mathrm{d}r\, P = \frac{2\pi n\theta}{\ell} r^3\, \mathrm{d}r$$

で与えられ，針金の断面全体に働くずれの力のモーメントは

$$N_\theta = \int \mathrm{d}N_\theta = \frac{2\pi n\theta}{\ell} \int_0^a r^3\, \mathrm{d}r = \frac{\pi n a^4}{2\ell}\theta = k\theta$$

$$k \equiv \frac{\pi n a^4}{2\ell}$$

である．

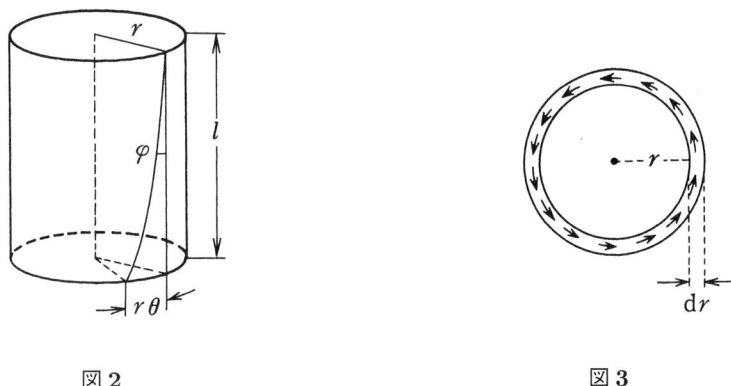

図 2   図 3

次に，この針金の下端に慣性モーメント I の物体を吊るして，ねじれ振動をさせるときの運動方程式は

$$I\frac{\mathrm{d}^2\theta}{\mathrm{d}t^2} = -N_\theta = -k\theta$$

であるので，このねじれ振動の周期を T とすれば

$$T = 2\pi\sqrt{\frac{I}{k}} = 2\pi\sqrt{\frac{2\ell I}{\pi n a^4}}$$

すなわち
$$n = \frac{8\pi l I}{a^4 T^2}$$
で与えられる．

2.3 用具

ねじれ振り子，ストップウォッチ，マイクロメータ，ノギス(大)，巻尺，台秤，試料針金

2.4 方法

固定点より吊り手台をつけた針金が吊り下げられている．この吊り手台の慣性モーメントをI_0とする．

1. 円環を図4のように，水平にして吊り手台に載せる．この状態での中心軸XX'のまわりの円環の慣性モーメントをI_1とする．

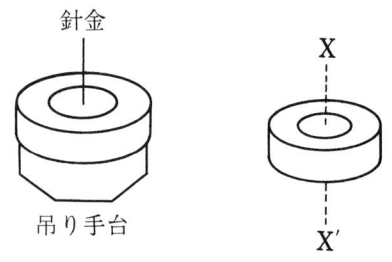

図4

2. 振り子の静止の状態のとき，周期の測定の基準となるような目印を決める(チョークで印をつけるのもよい)．

3. 吊り手台の上部をもち，約45°くらいねじって，回転振動を与え周期T_1を測定する．周期の測定は振動の10回目ごとに1/100秒まで記録し，90回まで連続的に測定して表1を作成する．周期の測定を正確にするために，目印を見て合図を送る者，合図の瞬間に時刻を読む者，記録をとる者などの分担を決める必要がある．また合図は，数秒前に予告して，「机をたたく」とかの短い合図がよい．測定に用いる目印は，回転のいちばん速い瞬間(振動の中心点)に測れるようにつけるのがよい．周期は
$$T_1{}^2 = \frac{4\pi^2}{k}(I_0 + I_1) \tag{1}$$
で与えられるが，I_1は，円環の半径，厚さ，質量などから簡単に算出できる量であるのに対し，I_0は不明である(計算からI_0を求めるのは，吊り手台の複雑さからなかなか困難である)．このI_0を消去するために4.以下の実験を行う．

4. 円環を縦にして吊り手台に吊るし (図 5)，同じような測定を繰り返して表 2 を作成する．YY′ 軸のまわりの慣性モーメントを I_2 とすると，このときの振動の周期 T_2 は

$$T_2{}^2 = \frac{4\pi^2}{k}(I_0 + I_2) \tag{2}$$

で与えられる．式 (1),(2) より不明の量 I_0 を消去すると

$$T_1{}^2 - T_2{}^2 = \frac{4\pi^2}{k}(I_1 - I_2)$$

が得られる．これから剛性率 n は

$$n = \frac{8\pi l}{a^4} \cdot \frac{I_1 - I_2}{T_1{}^2 - T_2{}^2} \tag{3}$$

で与えられる．円環の外半径 b，内半径 c，厚さ h，質量 M とすると

$$I_1 = M\frac{b^2 + c^2}{2}, \qquad I_2 = M\left(\frac{b^2 + c^2}{4} + \frac{h^2}{12}\right) \tag{4}$$

である．これを式 (3) に代入すれば，

$$n = \frac{8\pi l}{a^4} \cdot \frac{1}{T_1{}^2 - T_2{}^2} \cdot M\left\{\frac{b^2 + c^2}{4} - \frac{h^2}{12}\right\} \tag{5}$$

となる．

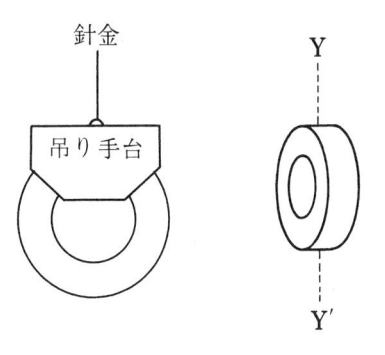

図 5

5. 円環の質量 M は台秤でグラムまで測定し，内外の半径はノギスで互いに直角な方向でそれぞれ 2〜3 回ずつ測り，その平均をとる．厚さ h もノギスで数か所測定し，平均を求める．また，針金の長さは巻尺で 1/10 cm まで，針金の直径はマイクロメータで 1/1000 mm まで数か所で測って平均をとる．

2.5 測定値と計算

(例) 鋼鉄線の剛性率

表1 円環を吊り手台に載せたとき

回数	時刻 (a)		回数	時刻 (b)		(b) − (a) = $50T_1$	
0	1分	17.9 秒	50	12分	17.4 秒	10分	59.5 秒
10	3	29.8	60	14	29.3	10	59.5
20	5	41.4	70	16	41.4	11	00.0
30	7	53.4	80	18	52.9	10	59.5
40	10	05.4	90	21	05.3	10	59.9
					平均	10分	59.68 秒

平均値 $T_1 = 13.19$ 秒

表2 円環を吊り手台に吊るしたとき

回数	時刻 (a)		回数	時刻 (b)		(b) − (a) = $50T_2$	
0	0分	04.3 秒	50	8分	07.8 秒	8分	03.5 秒
10	1	41.2	60	9	44.2	8	03.0
20	3	17.3	70	11	20.8	8	03.5
30	4	54.2	80	12	57.3	8	03.1
40	6	30.8	90	14	34.2	8	03.4
					平均	8分	03.30 秒

平均値 $T_2 = 9.67$ 秒

針金の直径	$2a_1 = 1.009$ mm
	$2a_2 = 1.006$ mm
	$2a_3 = 1.004$ mm
	$2a_4 = 1.007$ mm
	$2a_5 = 1.007$ mm
平均	$2a = 1.006$ mm
	$a = 5.03 \times 10^{-4}$ m
針金の長さ	$\ell = 1.442$ m
円環の質量	$M = 3.440$ kg
円環の平均外半径	$b = 9.50 \times 10^{-2}$ m
円環の平均内半径	$c = 6.50 \times 10^{-2}$ m
円環の平均の厚さ	$h = 3.22 \times 10^{-2}$ m

$$n = \frac{8\pi l}{a^4} \cdot \frac{1}{T_1^2 - T_2^2} \cdot M \left\{ \frac{b^2 + c^2}{4} - \frac{h^2}{12} \right\}$$

$$
\begin{aligned}
&= \frac{8 \times 3.14 \times 1.442}{(5.03 \times 10^{-4})^4} \times \frac{1}{(13.19)^2 - (9.67)^2} \times 3.440 \\
&\quad \times \left\{ \frac{(9.50 \times 10^{-2})^2 + (6.50 \times 10^{-2})^2}{4} - \frac{(3.22 \times 10^{-2})^2}{12} \right\} \\
&= 7.80 \times 10^{10} \text{ N/m}^2
\end{aligned}
$$

2.6　結果の吟味

　式 (5) のように針金の半径 a は 4 乗で現れている．また，a は 0.5 mm 程度の小さい量であるから，a の測定誤差が n の値にもっとも大きく影響することがわかる．それゆえ，特に慎重に測定しなければならない (マイクロメータの使用法は 21 ページ参照．特にマイクロメータの零点補正に注意すること)．

　周期 T_1, T_2 の測定には分担を決め，うまくチームワークをとることが大切である．表 1，表 2 の最後の欄はそれぞれ 50 回の振動に要する時間で，この例では，それらの数値の間のばらつきがきわめて小さい．これは熟練した測定者の測定例であるが，あらかじめ測定の練習をしてから，本実験にとりかかれば，はじめて周期測定をする人でもかなり精度のよい測定値が得られる．

実験3. ばね定数
－ ばねの伸び測定と周期測定 －

3.1 目的
ばねにおもりを吊るしたときのばねの伸びを測定する方法とおもりを吊るしたばねを微小振動させたときの周期を測定する方法で，ばね定数を決定する．

3.2 理論
物体は，外力によってひずみ(変形)を受けるが，そのひずみをもとにもどそうとする力(弾力)を生じる弾性(elasticity)と呼ばれる性質をもつ．ばね(spring)は，鋼などをらせん状に巻いたり曲げたりして，この弾力を利用する機械部品である．物体に力を加える場合，物体内部のある単位面積の断面を考えて，この断面に働く力をその面に関する応力(stress)という．断面に垂直な応力の成分を法線応力(normal stress)と呼び，押し合うような向きに働く場合には圧力，引き合う向きに働く場合には張力という．物体に働く応力が小さければ，応力によって変形した物体は応力がなくなればもとの形にもどるが，応力がある限界を超えると応力を除いても物体の変形は消えない．この限界を弾性限界(elastic limit)と呼び，使用するばねを選ぶときにはばねの弾性限界と予想される応力を考えなければならない．

物体に外力を加えたときに現れる形状や体積変化はひずみ(strain)と呼ばれ，外力がある大きさを超えない範囲内では外力と物体の変形量は比例することが知られている．この比例関係は物体の形状に依存しているが，物質に加えられた応力とひずみで考えると，この比例関係は物体の材質のみで決まることがわかっている．この比例関係を**フックの法則(Hooke's law)**と呼び，応力がある大きさ(比例限界)を超えないかぎりすべての固体について成り立つ．今回の実験で用いるつるまきばねの場合，ばねに力(応力)を加えると応力に比例してばねが伸びる(ひずむ)ことがわかる．このとき，応力 F とひずみ x の間には，

$$F = kx \tag{1}$$

の関係があるが，このときの k をばね定数と呼ぶ．

（1） 測定原理

　（a） ばねの伸びによる測定

図1(a)のように十分に軽いばねの一端を固定して鉛直に吊るしたとき，ばねの長さは自然長 ℓ_0 と呼ばれる長さになる．そしてばねの他端に質量 m のおもりを吊るすと，おもりによる

(a)　　　　　(b)

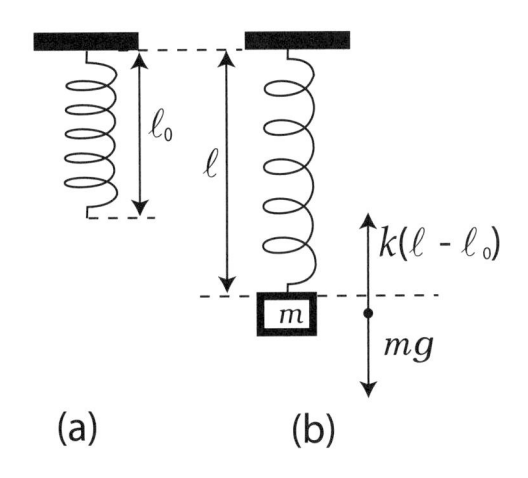

図 1　ばねに働く力とおもりの位置

重力 mg が下向きに働くのでばねは自然長から伸びる．しかし，自然長に戻ろうとするばねの弾力，すなわちフックの法則が成り立つ領域では，自然長からのばねの伸び $x = \ell - \ell_0$ に比例した上向きの力 kx がばねに作用する．その結果，おもりによる重力とばねの弾性力がつり合ったときに，ばねは静止する (図 1(b))．このときの伸びを ℓ とすると 2 つの力のつり合いの式は，

$$k(\ell - \ell_0) = mg \tag{2}$$

となる．

すなわち，ℓ と m の関係は，次式で示すように線形の関係となる．

$$\ell = \frac{g}{k}m + \ell_0 \tag{3}$$

したがって，おもりの質量 m を変えてばねの長さ ℓ を測定し，その関係が式 (3) で表される直線関係に従うことが実験的に確認できれば，その近似直線の傾き (g/k) から重力加速度を既知としてばね定数 k を算出できる．

(b)　周期測定

図 2(c) のように，おもりを吊るしたばねをつり合いの位置から手で変位 y だけずらして支えていた手を放すと，おもりはある周期で振動することがわかる．手を放した直後のおもりの鉛直方向の加速度を a とすると，おもりの運動方程式は，

$$ma = F = k(\ell - y) - mg \tag{4}$$

と書ける．ここで，おもりとばねの弾性力のつり合いの式 $k\ell = mg$ を用いると，上記の式は

$$ma = -ky \rightarrow a = -\frac{k}{m}y \tag{5}$$

となり，おもりの加速度 a とつり合いの位置からの変位 y は負の比例関係にあることがわかる．したがって，力はおもりに作用する力はつり合いの位置 (平衡点) に向いていることがわ

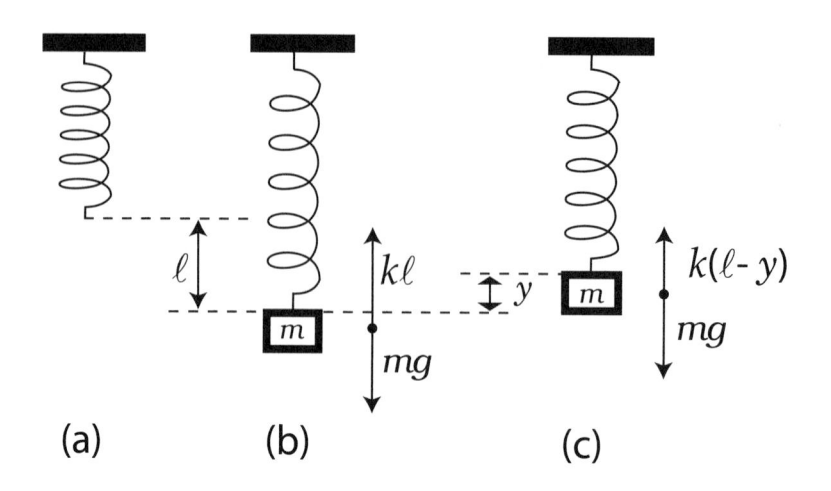

図 2 ばねに働く力とおもりの位置

かる．この力を中心力 (central force) と呼び，その大きさは中心からの距離で決まる．この式は定数係数線形微分方程式であり，角速度 $\omega = \sqrt{\dfrac{k}{m}}$ [rad/s] の単振動を表している．この方程式を ω を用いて

$$a = -\omega^2 y \tag{6}$$

と表したときの解は，

$$y = A\sin(\omega t + \phi) = A\sin\left(\sqrt{\dfrac{k}{m}}t + \phi\right) \tag{7}$$

となる．ここで，A と ϕ は各々単振動の振幅と初期位相 (rad) を表す．ばねに質量がないと仮定した場合，おもりの振動周期 T [s] は，

$$T = 2\pi\sqrt{\dfrac{m}{k}} \tag{8}$$

となるので，振動周期を測定することでばね定数を決定することができる．なおばねに質量 M がある場合は，ばねの質量を考慮した周期の式

$$T = 2\pi\sqrt{\dfrac{m + (1/3)M}{k}} \tag{9}$$

を用いるべきである．

3.3 実験装置

今回の実験で用いる器具を図 3 に示す．**100 g を超えるおもり (おもりは 20 g/個なので，6 個以上のおもり) を，ばねに吊るさないこと．また，ばねを手で伸ばさないこと．**

測定を始める前に，以下の手順で実験装置を机に設置する．

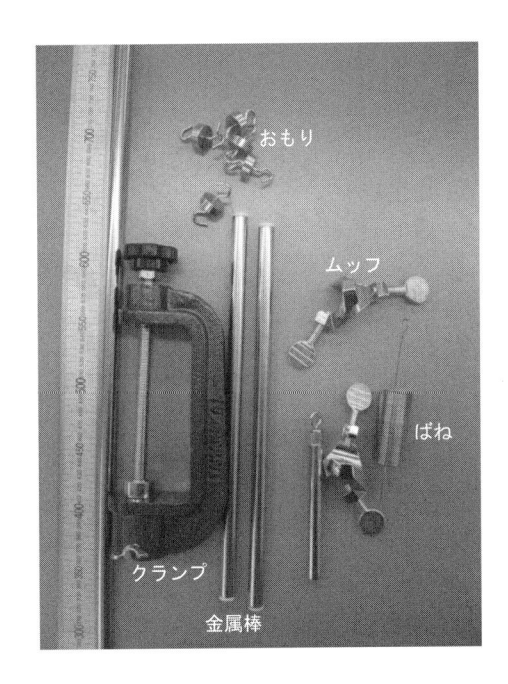

図 3　使用する実験器具

1. クランプをしっかりと机に固定する (クランプは重いので，落とさないように注意すること).
2. クランプの上部の穴に，金属棒を取り付ける.
3. 一端が環状になっている金属棒を，ムッフを用いてクランプに取り付けた金属棒に接続する．このとき，金属棒同士はできるだけ直角になるように接続する (図 4)．また，端が環状になっている金属棒は，環が地平面に対して垂直になるようにする．
4. ばねの一端を金属棒の環状部分に引っかけて，ばねが鉛直な状態を保つようにする．このとき，あまり力を入れずにばねを引っかけること．

3.4　伸びの測定の実験方法

ばねの上端は，測定中にその位置が変化しないところ (基準点) とする．下記の手順にしたがってばねの上端の位置と下端の位置を測定して，測定結果を表にまとめる．1 回の測定ごとにばねの長さを計算する必要はない．

1. ばねが鉛直に吊るされるように装置を設置するとともに，鉛直に吊したばねの上端と下端を測定できるように物差しを置く (図 5).
2. **ばねの長さは，ばねの上端と下端の位置の物差しの目盛の差と定義する．** そのために，はじめにばねの上端の位置 (基準点) をを決めなければならない．この基準点は，おもりを吊るす反対側のばねの一点とし，その点の物差しの目盛を精度よく (0.1 mm 精度) 測定しておくことが重要である．この基準点の位置は測定中に変動することはないはずな

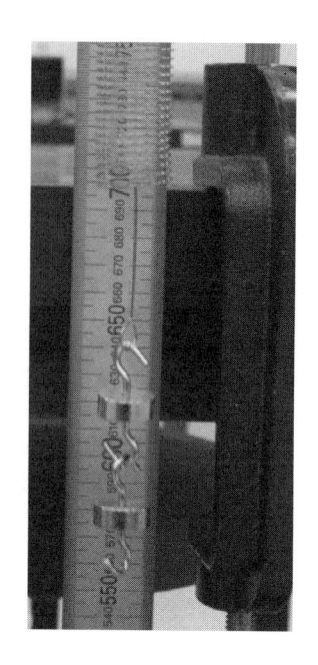

図4　金属棒の接続　　　　　　　図5　おもりを吊るしたときのばねの長さの測定

ので，測定前と測定終了後に測定して変動していないことを確認してノートに記載しておくこと．

3. 鉛直に吊るしたばねが振動しないようにして，おもりを0〜5個まで吊るしたときのばねの下端の位置を正確に測定すること．物差しの最小目盛は1mmであるので，目分量による測定を含めて**測定器具の最小測定精度 (0.1 mmの精度)** で値を読み取る．

   なお，おもりを吊るしたときにばねの下端の位置を測定するには，
   - 吊るすおもりを，1個ずつ増加もしくは減らしながら測定する．
     (おもりの数を，0個 → 1個 → 2個 → … → 5個 → 0個 → … → 5個，もしくはその逆のように変える)

注意　ノートに測定データを記載するときに，吊るしたおもりの個数を記載するのではなく，吊したおもりの**合計の質量**を記載すること．なお，吊るすおもりの質量は1個あたり20gとして，質量の誤差は無視できるほど小さいと考えてよい．

(1) 結果の整理

すべての測定が終了したら，測定データを表1を参考にしてまとめる．今回はある質量のおもりに対してばねの長さを複数回測定したのであるから，前回配付した資料で述べた測定誤差 (平均値の平均誤差) を見積もることができる．表1の平均の欄には，0.2001 ± 0.0002 のように平均値と測定誤差を一緒に記載すると，各測定値のばらつきがよくわかる．

表1 おもりの質量に対するばねの下端の位置の変化

おもりの質量 [g]	0.0 (自然長)	20.0	40.0	60.0	80.0	100.0
測定回数	ばねの下端の位置 [mm]					
1	109.8	205.7	305.7	408.5	504.2	604.3
2	110.2	192.8	323.8	412.3	485.3	616.6
3	98.6	200.0	311.0	395.7	516.4	622.4
4	111.6	192.9	325.8	410.2	485.3	637.6
5	99.8	208.3	316.7	394.5	516.4	624.2
6	100.3	206.0	333.9	443.8	506.4	608.3
7	110.0	195.6	323.9	410.8	483.4	610.0
8	99.9	201.1	318.4	384.2	515.3	620.3
9	112.1	198.7	320.1	414.5	484.4	614.2
10	95.6	200.7	310.0	398.4	515.0	620.3
平均 [mm]	105±3	200±2	319±3	407±6	501±5	618±3
ばねの上端から下端までの長さ [mm]	29	124	243	331	425	542

ばねの上端 (基準点) の位置は, 76.3 mm

注意 測定が終了しても, 実験装置はそのままにしておくこと. データの分布に異常がないか, 概算で得られたばね定数の値に異常はないか, レポートを書くために必要な情報はすべてノートに記載したか等を確認すること. もし, 測定値や結果, 実験方法に不備があることがわかれば, 担当の教員に報告して再実験などの指示を受けること. また, 要求された精度 (0.1 mm) で測定値を読み取らなかった場合, きちんと再実験を行うこと. 測定データに適当に数値 (たとえ 0 であっても) を加えることはデータ改ざんであり, 厳禁である.

(2) データ解析

おもりの質量 m とばね定数 k, ばねの長さ (上端から下端までの長さ) ℓ は式 (3) の関係が成り立つので, **おもりの質量とばねの長さは, 1 次の比例関係にあることがわかる**. この式を利用して, おもりの質量を x 軸にばねの長さを y 軸にとってグラフを描けば, 測定点は直線になる. この直線の傾きと y 切片を最小二乗法 (15 頁 3.3(2) 参照) を用いて算出すれば, 傾きが $\frac{g}{k}$ であることを用いてばね定数を算出できる. また, y 片はばねの自然長 ℓ_0 になる.

3.5 周期測定の実験方法

1. ばねにおもりを1個吊るして，つり合いの位置で静止することを確認する．
2. 周期を測定するための基準点を決める．
3. おもりを少しだけ下に引っ張って，静かに放す．このときおもりが左右に揺れないように，他の物に当たらないように注意すること．おもりがほとんど**鉛直方向のみに振動**していることを確認してから，測定を始めること．
4. おもりが振動し始めてから**2～3周期振動したことを確認してから，10周期に要する時間を測定すること**．一度振動させれば長時間振動し続けるが，もし止まるようであれば振り方を考えてやり直すこと．
5. 同じおもりの質量での周期測定を少なくとも10回は繰り返すこと．ひとつの質量の測定が終了したならば，おもりの数を増やして繰り返し測定すること．

すべての測定が終了したら，測定データを表2を参考にしてまとめること．今回も，ばねの伸び測定と同様に各測定値の測定誤差を見積もることができるので，表2の平均の欄には，30.02 ± 0.02 のように平均値と測定誤差を一緒に記載すると，各測定値のばらつきがよくわかる．

平均値と測定誤差を算出できたならば，グラフにそれらの値を描いてモデルから予想される測定値の傾向と結果に矛盾がないことを確認すること．ただし，おもりの質量とばねの振動周

表2 おもりの質量に対するばねの振動周期

おもりの質量 [kg]	0.02	0.04	0.06	0.08	0.10
回数	ばねが10周期振動する時間 [s]				
1	20.03	30.03	40.03	50.04	60.05
2	19.94	30.25	40.15	49.86	60.17
3	20.12	30.10	39.96	50.18	60.28
4	19.85	30.29	40.18	49.96	60.14
5	20.06	30.15	39.92	50.28	60.23
6	21.08	30.02	40.05	50.03	60.06
7	19.73	30.23	40.16	49.85	60.18
8	20.50	30.15	39.92	50.17	60.20
9	19.91	30.26	40.13	49.95	60.10
10	20.02	30.11	39.91	50.14	60.23
10周期の平均時間 [s]					
1周期の平均時間 [s]					
ばね定数 [N/m]					

期のグラフを描いても，モデルと測定値が矛盾していないかどうかを判断することは難しい．2つの測定値の関係をグラフでわかりやすくするために，モデル(2つの値の関係式)を変形することが必要である．式(8)を検討して，どの値がグラフに描く場合に最適であるかをよく考えて，グラフを描くこと．そしておもりの質量に対するばねの1周期の平均振動周期を計算して，ばね定数を算出しておくこと．

(1) データ解析

おもりの質量 m とばね定数 k，ばねの振動周期 T には，式(8)の関係があるが，この式を変形すると

$$kT^2 = 4\pi^2 m \tag{10}$$

となる．また，おもりの質量を考慮した式(9)を変形すると，

$$kT^2 = 4\pi^2 \left(m + \frac{1}{3}M\right) = 4\pi^2 m + \frac{4\pi^2}{3}M \tag{11}$$

となる．どちらの式もおもりの質量とばねの振動周期の2乗は，1次の比例関係にあることがわかる．これらの式を利用して，おもりの質量を x 軸にばねの振動周期の2乗を y 軸としてグラフを描けば，測定点は直線になる．この直線の傾きと y 切片を最小二乗法を用いて算出すれば，ばね定数を算出できる．ここで式(10)は，ばねに質量がない理想的な状態を仮定しているが，実際にはばねは少なからず質量をもつ．ばねの質量を測定して，式(11)にしたがってばね定数を計算してみよ．また，最小二乗法で得られた傾きと切片の値が式(11)にしたがうと仮定した場合の，ばね定数とばねの質量を算出してみること．

3.6 考察 — 2つの異なる方法による結果の比較 —

ばねの伸びによるばね定数の測定と今回の測定によるばね定数は，同じばねを用いているのであるから結果は一致しなければならない．しかし，どちらの測定にも測定誤差が生じているので，正確に結果が一致することはほとんどない．誤差を有する結果を比較する場合，誤差を含めた値で比較をしなければならない．2つの結果が誤差の範囲内で一致したとすると，この2つの結果は等しいということができる．もし，誤差の範囲内で一致しなかった場合は，実験の内容や状況を検討して，どちらがより信用できるかを検討しなければならない．

実験 4. 重力加速度 g の測定 1

4.1 目的
振り子の振動の周期を測定し，重力加速度 g を求める．

4.2 理論
いま，質量が m [kg] で大きさの無視できる小さなおもりを，長さ ℓ [m] の細い線で吊るした振り子がある．これを一様な重力場中 (重力加速度の大きさを g [m/s^2] とする) でそれに平行な面内で振動させることを考えよう．このとき，このおもりの運動の軌跡は，図1に示すように円弧を描いて往復運動をし，この運動に対する接線方向の運動方程式は，おもりに働く接線方向の力が重力の接線方向成分 ($-mg\sin\theta$) のみであるから，

$$m\ell \frac{\mathrm{d}^2\theta}{\mathrm{d}t^2} = -mg\sin\theta \tag{1}$$

すなわち，

$$\frac{\mathrm{d}^2\theta}{\mathrm{d}t^2} = -\frac{g}{\ell}\sin\theta \tag{2}$$

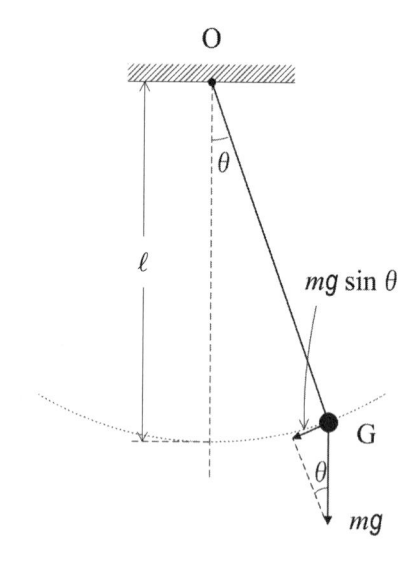

図 1 単振り子

と表される．いま，平衡点(鉛直下方)の前後の振れの角 θ が十分に小さい場合，

$$\sin\theta = \theta - \frac{\theta^3}{3!} + \cdots \tag{3}$$

と展開でき，θ が十分に小さければ θ の3次以上の項を無視して，$\sin\theta \fallingdotseq \theta$ と近似できる．このとき，

$$\frac{d^2\theta}{dt^2} = -\frac{g}{\ell}\theta \tag{4}$$

となり，角振動数 ω [rad/s] (または周期 T [s]) の単振動となる．ここで，

$$\omega = \frac{2\pi}{T} = \sqrt{\frac{g}{\ell}} \tag{5}$$

である．したがって，この振動(往復運動)の周期 T を測定すれば，重力加速度 g を求めることができる．

4.3 実験

(1) 実験装置

おもり，クランプ，支柱，横棒，ムッフ，リング，鋼鉄線 (3種 [長さ 31, 56, 106 cm]，ストッパー付)，物差し (1 m, 金属製)，ストップウォッチ．

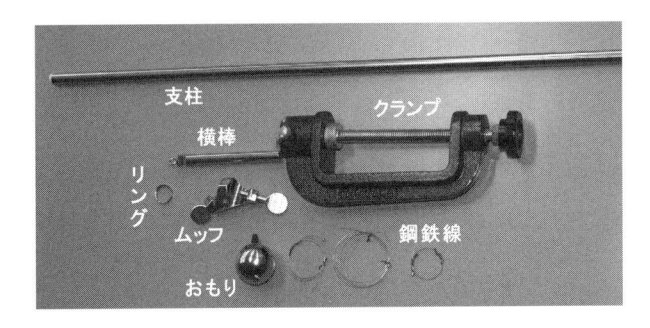

図 2 実験装置

(2) 装置の組立

まず，図3のように約1mの一番長い鋼鉄線をリングの細い穴に通しておこう．

次に机の角に図4のように装置をセットアップする．まずクランプを机の角に取り付け，長い支柱をたてる．ムッフを使って横棒を図5のように支柱に取り付ける．

このとき，横棒の先 (リングのある方) に溝があり「エッジ状の部分」がある．このエッジが真上を向くようにする．ここが振動の支点となる．さらに机の上面から，横棒のエッジまでの高さ H が1m未満となるように調節する．高さ H を物差しで可能な限り精度よく測定して，実験ノートに記録しておく．

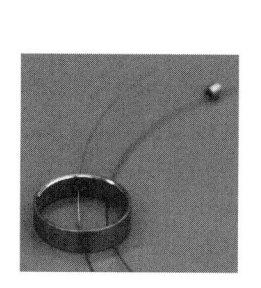

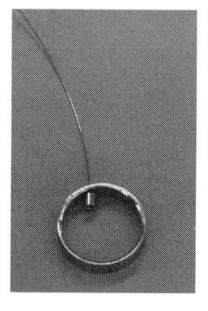

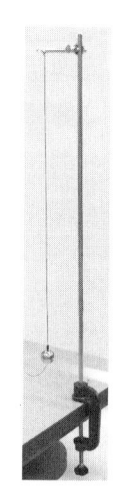

図3 リングと鋼鉄線　　　図4 装置の組み立て

　おもりの直径をノギスで5か所測定し，実験ノートに記録する．リングを図6のように横棒のエッジにかける．リングの小孔に通した鋼鉄線の先を図7のようにチャックに通して仮止めする．下部から出ている鋼鉄線が支柱や机上面にあたらないようにする．また，鋼鉄線の端が目をつくと大けがをする可能性があるので注意！

（3）　測定

　既に装置の組み立て中に，机上面から横棒のエッジまでの高さ H とおもりの直径が測定してある．実験装置の全体の様子を，図8に示す．振動の支点 O からおもりの中心 G までの長さ ℓ は，机上面からおもりの最下点までの高さ h を測定することによって，

$$\ell = H - (r + h) \tag{6}$$

で求められる．ここで r はおもりの半径である．

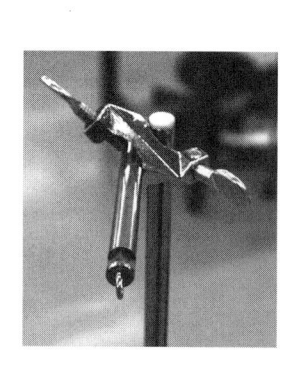

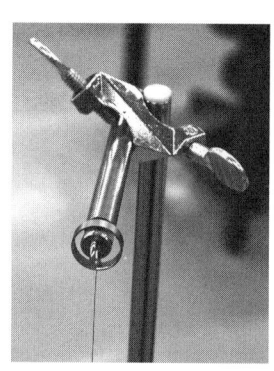

図5 横棒の取り付け　　　図6 リングの取り付け　　　図7 おもりの取り付け

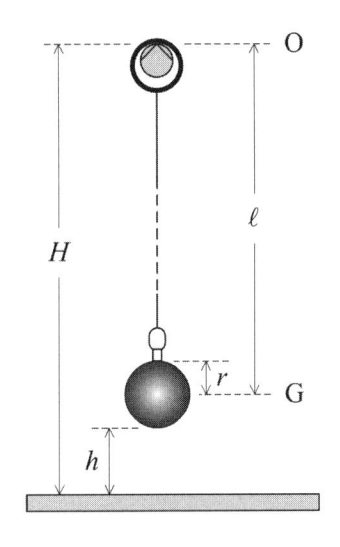

図8 実験配置

机上面からおもりの最下点までの高さ h を変えながら，振動の周期をそれぞれ測定していく．

- 振動の周期は10回の往復時間 T_{10} をストップウォッチで測る．これを複数回 (たとえば10回) 行う．
- 最下点までの高さ h は，5箇所以上測定する．たとえば，100，200，300，400，500，600 mm など．500 mm と 600 mm は，鋼鉄線を約 50 cm のものに取り替える．このとき，余った鋼鉄線が支柱や机に触れないように向きなどを調節する．
- おもりを一平面内で振動させる，すなわち楕円軌道を描かないように十分注意する．
- 振動の振幅は十分小さくなるように振らす．すなわち，振れ角 θ が，数度以内となるようにする．

4.4 測定結果の整理と解析

測定が終了したら，まずおもりの半径 r を算出する．各測定値 (h, T_{10}, T, ℓ) を表にして整理する．ここで，T は1往復の周期であり，表には T^2 の欄も設ける．

次に正方眼紙の横軸に振り子の長さ ℓ を，縦軸に T^2 をとってグラフを作成する．式 (5) から，

$$T^2 = \frac{4\pi^2}{g}\ell \tag{7}$$

であるので，測定データはおおむね直線関係を示すはずである．直線関係を最小二乗法で計算し，その傾きの値を算出する．傾きの値が，$4\pi^2/g$ であるから，g の値が求められる．

4.5 課題

T^2 と ℓ の関係は，式 (7) によれば，原点を通る直線である．しかし測定データの適合直線は必ずしも原点を通らず，正の切片をもつことが多いであろう．その理由として，実際に使用した実験装置のおもりの大きさが，ℓ の長さに比して質点とは見なせないことが考えられる．この装置は，ボルダ (Borda) の振り子と呼ばれ，通常は，図 9 のように振り子全体を剛体と見なす．

重心 G の剛体が水平固定軸 O のまわりに重力の作用で回転運動を行うときの運動方程式は，一般に，

$$I\frac{d^2\theta}{dt^2} = -mg\ell \sin\theta \tag{8}$$

と表される．ここで，I は点 O のまわりの剛体の慣性モーメントであり，今回の測定配置 (図 8 参照) では，すなわち，

$$I = m\left(\frac{2}{5}r^2 + \ell^2\right) \tag{9}$$

である．やはり微小振動の場合，式 (8) は

$$I\frac{d^2\theta}{dt^2} = -mg\ell\theta \tag{10}$$

と近似でき，振動の周期は

$$T^2 = \frac{4\pi^2}{g}\ell\left\{1 + \frac{2}{5}\left(\frac{r}{\ell}\right)^2\right\} \tag{11}$$

となる．

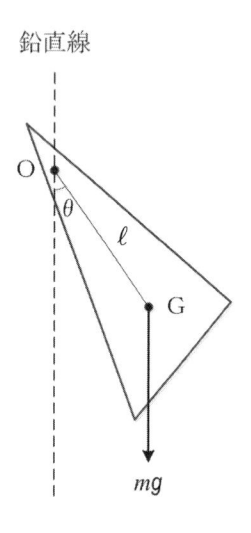

図 9 剛体振り子

- 単振子の取り扱いで重力加速度 g を測定した場合，その誤差はどのように評価できるであろうか．
- 微小振動とは具体的に θ が何度ぐらいまでであろうか？ 各測定の精度との関連において議論せよ．
- 剛体振り子 (ボルダの振り子) としての解析に意味があるかを検討せよ．すなわち，剛体振り子としての解析が意味をもつようにするためには，各測定の精度がどの程度必要か検討せよ．

実験 5. 重力加速度 g の測定 2

5.1 目 的
振り子の周期を測定して，重力加速度 g を求める．

5.2 理 論
図 1(左) のような剛体振り子の運動方程式は空気や支点の摩擦を無視すると，次式で表される．

$$I\frac{d^2\theta}{dt^2} = -Mgh\sin\theta \tag{1}$$

ここで h は振り子の支点 O と重心 G の間の距離，M は質量，I は振動面内で点 O のまわりの慣性モーメント，θ は鉛直線からの振り子の振れ角である．式 (1) は θ と t を変数とする微分方程式で，これを厳密に解くには，楕円関数が必要である．方程式の解は多少複雑な形で与えられ，そのまま実験に用いるのには不向きである[1]．そこで，振り子の振幅を十分小さくして，$\sin\theta \approx \theta$ と近似できるような実験を行うならば，方程式 (1) は

$$I\frac{d^2\theta}{dt^2} = -Mgh\theta \tag{2}$$

と近似される．これは初等的な微分方程式で，解は指数関数になる．$\theta = Ae^{i\omega t}$ (A と ω は定数) とおいて式 (2) に代入し，ω(角振動数) を求めると

$$\omega^2 = \frac{Mgh}{I} \tag{3}$$

となり，振子の周期は T は $T = 2\pi/\omega$ で与えられる．実験に用いる振子の構造は図 1 (右) に示されている．支点 O と重心 G の間の距離 h は，エッジから球の表面までの長さ ℓ と球の半

---

[1] 弧度法によって表された振れ角 θ の最大値を θ_0 として，式 (1) を厳密に解いて求められる周期 T_0 と $\sin\theta = \theta$ と近似した場合の周期 T との比は次の式で与えられる．

$$\frac{T_0}{T} = \frac{2}{\pi}\int_0^{\pi/2} \frac{1}{\sqrt{1-k^2\sin^2\phi}}\,d\phi$$

ここで，$k = \sin\frac{\theta_0}{2}$ である．$\sin\theta \approx \theta$ と近似したことによる誤差を補正するには，測定で得た周期 T にその最大振れ角に対応した T_0/T を掛ければよい．具体的な数値は次表を参照．

θ_0 [度]	θ_0 [rad]	T_0/T	θ_0 [度]	θ_0 [rad]	T_0/T
1	0.01745329	1.000019	6	0.10471975	1.000686
2	0.03490658	1.000076	7	0.12217305	1.000934
3	0.05235988	1.000171	8	0.13962634	1.001220
4	0.06981317	1.000305	9	0.15707960	1.001544
5	0.08726646	1.000476	10	0.17453292	1.001907

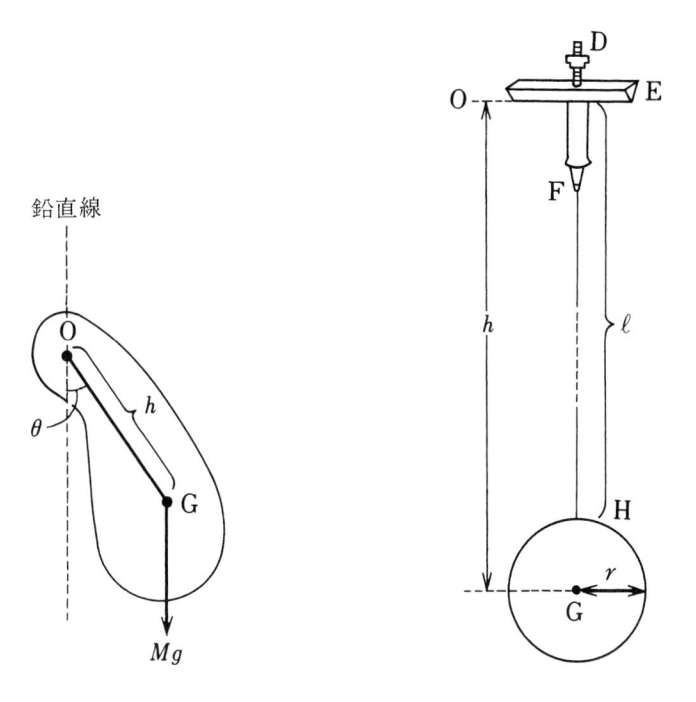

図1 剛体振り子(左)とボルダ振子(左)

径 r の和であるから，$h = \ell + r$ である．以上のことから，重力加速度 g は次式で与えられる．

$$g = \frac{4\pi^2}{T^2}\left\{(\ell+r) + \frac{2r^2}{5(\ell+r)}\right\} \tag{4}$$

5.3 装置

ボルダ振子，巻尺 (2~3 m)，水準器，ノギス，周期測定装置，ストップウォッチ，三角定規．

5.4 方法

この実験では，振り子の周期のデータが最も重要である．周期を正確に測定するために，ストップウォッチと人間の目や手で行うだけでなく，専用の測定装置も用いる．

専用の測定装置では，発光ダイオード (LED) の光を光検出器によって常にモニターしている．振り子のおもりが最下点を通過する際に光を遮断する．その光が遮断される時間間隔を，水晶発振子による正確なクロックを用いたカウンタによって測定し，周期を測定する．

(1) 振り子の設定
1. 壁に固定されている架台 A (図 2) に，コの字形平台 B を A の足の穴に合わせて載せる(脚立に昇って作業を行うが，本人もまわりの者も危険のないように十分注意すること)．
2. コの字形平台 B に水準器を置き，ネジ C1 と C2 によってコの字形平台 B が水平になる

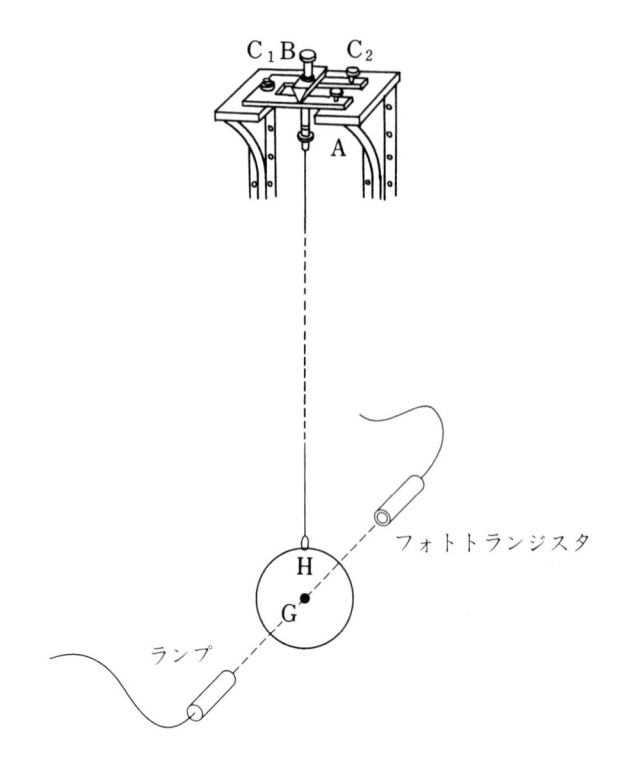

図2 ボルダ振子のセットアップ

ように調節する．水準器を置く場所は狭いが，工夫して直角な2方向で水平になるように調節する．

3. 振り子を図2のように吊るし，巻尺の端をコの字形平台Bに引っかけて，エッジから球の表面までの長さℓ(図1(右)参照)をmmの桁まで5回以上測定する(ℓは測る場所を間違えやすいので図2をよく見ること)．球の表面の位置に巻尺をあてがうことはできないので，三角定規を補助的に用いよ．また，球の直径$2r$をノギスを用いて5回以上測定し，半径rを求めておく．

4. 振り子の振動する面が壁と平行になるように，コの字形平台Bに置かれたエッジを壁に直角にする．

5. 振り子を吊るして静止させ，球が発光ダイオードと光検出器の光軸の中央に来るように，専用測定器の位置，高さを合わせる．図3を参照のこと．

6. 振り子を5 cmくらい引っ張り静かに放して振らせる．振動は壁に平行な一平面内にあって，幅10 cmくらい[2]，球の自転や，震えがないようにする．楕円を描いて振れているような場合はもう1度振らせ直す．振動の減衰は少ないので，よい振動をさせることができたら，実験終了まで振らせ直す必要はない．測定は振動開始後十分時間が経過

---
[2] あまり小さいと測定器が誤作動する．

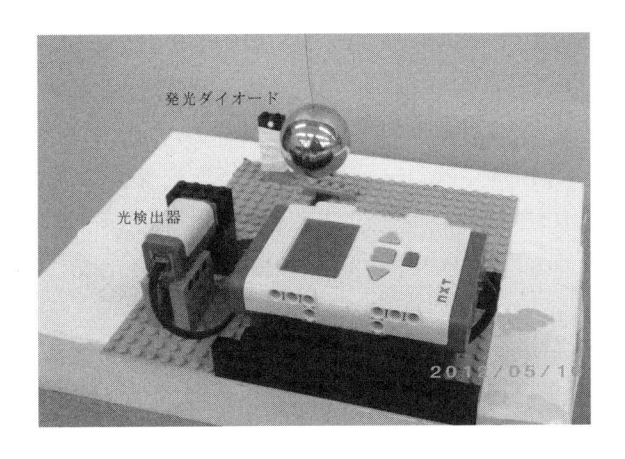

図3 測定器のセットアップ．

して，振動が安定してから行う．

最大振れ角 θ_0 の見積りを行っておくこと．

（2） ストップウォッチによる周期 T の測定

測定装置による測定を行う前に，振り子が10回振動するのに要する時間 $10T$ をストップウォッチを用いて，人間の目と手により，3回慎重に測定する．この測定と次の周期測定装置による測定を比較して，周期測定装置による測定が正しく行われているかを判断する目安とする．

（3） 周期測定装置による周期 T の測定

次に測定装置の設定を行う．中央の四角の (オレンジの) ボタンを押していくと順番に以下の表示，動作を行う．以下は最初電源オフの場合である．

1. 装置の電源がオンになり，液晶画面に「My Files」と表示される．
2. 「Software files」と表示される．
3. 「Measuremnts」と表示される．
4. 「Measurements Run」と表示される．

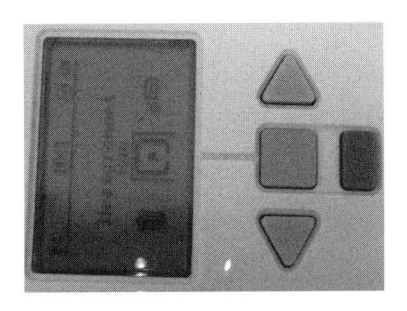

図4 測定器の表示例．

5. 「Ready」と表示され，最初に振り子が検出器を通過した後，周期測定を開始する．
6. 振り子が検出器を通過する度にビープ音が鳴る．振幅が小さすぎると，1回通過しただけなのに，2回ビープ音が鳴ることがある．その場合は測定に失敗しているので，そのデータは捨てる．測定を中断することはできないので，測定終了を待つこと．
7. 周期測定完了後には長めのビープ音が鳴る．以下のような表示が現れる．「Start COUNT 21 TIME(mS) 28014」など．最後の5桁の数値が10回の振動に要した時間をmsの単位で測定したものである．上記の場合は 28.014 s である．
8. 測定を繰り返す場合は，もう一度四角の(オレンジの)ボタンを押す．

測定は10回行うこと．測定終了時には，中央の四角の灰色のボタンを押していくと，「Turn off」という表示がでる．そこで，四角の(オレンジの)ボタンを押すと電源がオフになる．

5.5 データおよび計算

以下に測定例を挙げる．

振り子の長さ　$\ell = 1.930$ m
球の直径　　　$2r = 40.4 \times 10^{-3}$ m
球の半径　　　$r = 20.2 \times 10^{-3}$ m

周期測定の結果は，以下の通りである．

周期の測定	$10T$ の測定値 [s]
第1回	28.026
第2回	28.014
第3回	28.014
第4回	28.017
第5回	28.023
第6回	28.019
第7回	28.023
第8回	28.029
第9回	28.021
第10回	28.022
平均	28.021

したがって，振り子の周期の平均値は 2.8021 s である．

式 (4) に代入して，

$$g = \frac{4\pi^2}{T^2}\left\{(\ell+r) + \frac{2r^2}{5(\ell+r)}\right\}$$

$$= \frac{4 \cdot 3.141592^2}{2.8021^2} \left\{ (1.930 + 0.0202) + \frac{2 \cdot (20.2 \times 10^{-3})^2}{5(1.930 + 0.0202)} \right\}$$
$$= 9.805 \text{ m/s}^2 \tag{5}$$

を得る．

5.6 結 果

重力加速度の大きさを有効数字 4 桁で求めよ．

5.7 考 察

1. 以下の点を考慮して，この実験で得られた重力加速度 g の相対誤差は何%以下といえるか，また重力加速度 g は，どの桁まで信頼できると結論されるか，を議論せよ．
   - $\sin\theta \approx \theta$ と近似したことによる T_0/T はどの程度か．
   - 振り子の長さ ℓ，球の半径 r，周期 T のそれぞれはどの桁まで信頼できるか (有効数字は何桁か)．
   - これらの量それぞれの相対誤差はおよそいくらか．
2. ストップウォッチを用いた目と手による振子の周期 T の測定の精度はどれくらいか．専用測定器による測定と比較せよ．
3. もっと精度を上げるには，何をどのように改善すればよいか．

参 考

1. 時間 (周期) の測定

   ここで用いる振り子は「ボルダ振子」と呼ばれる．振り子の周期を測定し重力加速度 g を求めようとするもので，長い歴史をもつ伝統的な実験である．ただ，従来の方法では振り子の運動を目で観測し，その振動の周期 T をストップウォッチで測定した．人間の目と手による時間測定における誤差は以下の程度である．人間の目と手による時間計測は，容易に推測されるように，せいぜい 0.1 秒の精度を得るのが限界である．振り子が 1 振動する時間 (周期) 2 秒程度をストップウォッチで測定したとき，絶対誤差は 0.1 秒，相対誤差は 5％ 程度である．周期 T は重力加速度 g の式に 2 乗で入っているから，T の誤差は g に対し 2 倍で効くことになる．したがって，0.1 秒の誤差は g に 10％ 程度の誤差を与える．$g = 980 \text{ cm/s}^2$ 程度であるからその 10％ は 100 cm/s^2 となり，誤差は大きい．

   しかし，測定を多数回繰り返し行い，そのデータを平均すればもっとよい値が得られるであろう，というのが先人の知恵であった．誤差論によれば，同じ測定を N 回行って平均すると，誤差は $\sqrt{N}$ 分の 1 に減る．たとえば，測定を 10 回繰り返すことで，誤差は

約3分の1に減り，100回繰り返せば10分の1になる．このように，測定回数を増せば精度の向上が期待されるが，精度を1桁上げるには100倍の測定回数が必要である．一方，測定回数を増やせば，測定者の疲労や単純動作の連続による錯誤などが生じ，別の誤差を生むことが考えられる．偶然誤差(ばらつきによる誤差)を減らすための努力がかえって余計な系統誤差を招く可能性があるのである．その場合には誤差は計算通り$\sqrt{N}$分の1に減らない．

　以上のように，測定回数を増すことによって精度の向上を得ることは，それほど簡単ではなく，特に人間が直接，単調な測定動作を繰り返すことによってデータを得る場合には，あまり効果が期待されない．測定回数を増すことにより誤差論の理論通りの精度の向上を得るには，測定条件を厳密に制御することができる実験装置を作り，人間の疲労などが関係しない自動測定を行うなどの必要がある．

2. レゴマインドストーム

周期測定装置は，レゴマインドストームNXTを用いて作られている．レゴマインドストームNXTはレゴ社の製品であり，知能ブロックと呼ばれるプログラムの組み込めるマイクロプロセッサーとレゴブロックからなる．モーター，光センサー，超音波センサーといった部品とプログラムを組み合わせることによりレゴマインドストームNXTにさまざまな動作をさせることが可能である．ボルダ振子の検知には付属の光センサーを用い，時間を計測できるプログラムを作り周期測定装置を製作した．プログラムの作成はNational Instruments社のLabVIEWを用いた．LabVIEWはアイコンとワイヤを使用するフローチャートに似た直感的なインタフェースが特徴であり，グラフィカルなプログラミングが可能である．今回，製作した周期測定装置はボルダ振子だけでなく，ばね振り子やねじれ振り子などその他の実験にも応用が可能であり，その際も各パーツの取り付けはレゴにより簡単に製作できる．

実験 6. 金属球の平均速度測定

6.1 目的
アクリル管内のある一定距離を転がる鋼球の時間を測定することで，鋼球の平均速度を求める．

6.2 実験方法
図 1 は，実験で用いるアクリル管の両端の図である．片方の端には白いテープと黄色のテープが貼られ，その反対側の端は白いテープのみが貼られている．黄色のテープの位置で，磁石によって鋼球を静止させる．白いテープの位置は，スタートとストップの位置である．

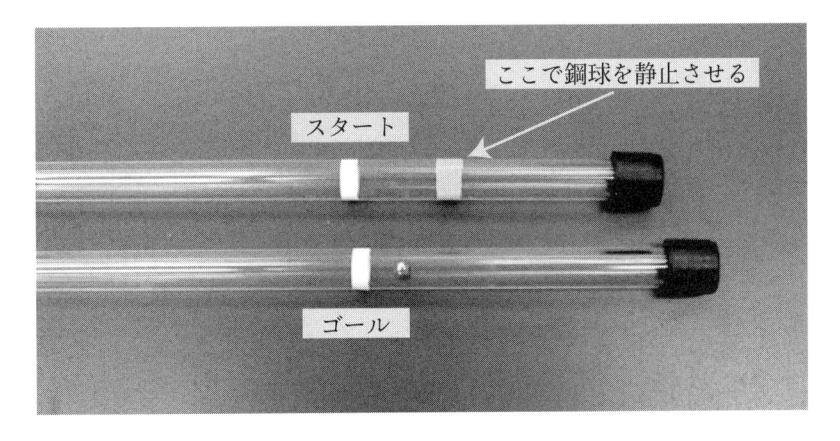

図 1 実験で用いるアクリル管

このアクリル管を用いて，2 本の白いテープの間を通過する鋼球の時間をストップウォッチで測定する．測定は下記の方法にしたがって行う．

(1) アクリル管に貼られた 2 つの白テープ (幅 4 mm) の間の距離を測定する．測定は物差しを用いて 0.1 mm 精度で行うこと．なお，テープには幅があるので，鋼球のスタートとゴールの位置を測定する場所が同一になるようにしなければならない．

(2) 図 2 の上図のように，白色と黄色のテープが貼られた端をノートなどの上に固定する．高さは 4〜5 cm 程度にすること．高さが低すぎると鋼球は途中で止まり，高すぎると転がる時間は早すぎてうまく測定できない．鋼球がうまく転がることが確認できたら，テープなどとアクリル管を固定すること．**実験終了までアクリル管が動かないように注意すること**．また，アクリル管がたわまずに一直線になるように，中央付近に支持台な

どを設置する．

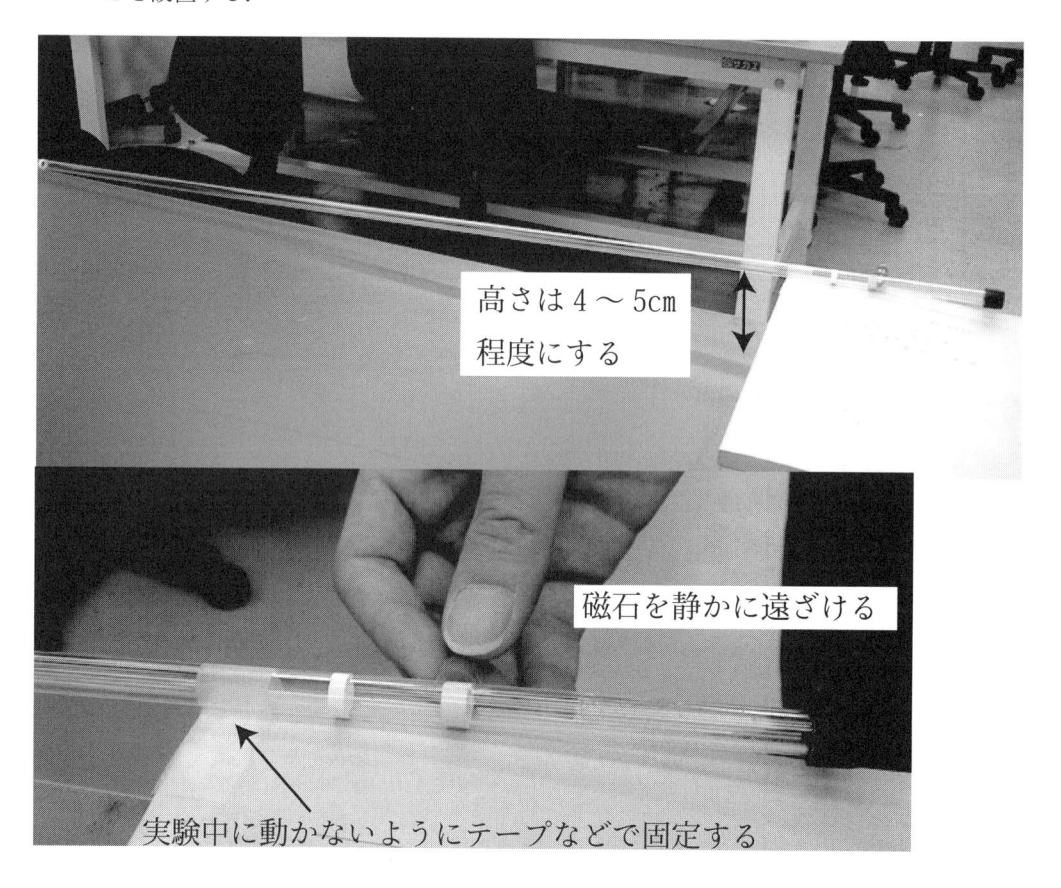

図2 実験のセットアップ

（画像中の注記：高さは4～5cm程度にする／磁石を静かに遠ざける／実験中に動かないようにテープなどで固定する）

(3) アクリル管が固定できたら，測定を開始する．図2の下図のように，磁石を用いて鋼球を黄色のテープの位置で静止させる．
(4) 磁石を静かに遠ざけると，鋼球は転がり始める．
(5) 鋼球が白テープを通過したときから反対側の白テープを通過するまでの時間を，ストップウォッチで計測する．テープは幅をもっているので，鋼球がテープのどの位置を通過したときに測定するかをあらかじめ決めて，毎回同じ位置で測定すること．
(6) 管の下側の端で静止した鋼球を，磁石を用いて上端まで移動させて静止させる．このとき，アクリル管に磁石を押しつけながら鋼球を移動させるとアクリル管がたわんでしまうので，注意すること．磁石の磁力は十分あるので，磁石がアクリル管に接する程度にして，鋼球を上の黄色テープの位置まで移動させること．
(7) 以上の手順を繰り返して，100回のデータを収集する．実験ノートには，測定回数と通過時間のデータを表の形式にまとめる．ストップウォッチは1/100秒まで測定できるので，1/100秒の精度でデータを取得する．

6.3 測定値の分布

得られた測定値 (通過時間) を,横軸が時間で縦軸がある時間幅にある測定値の個数 (頻度) となる分布図 (ヒストグラム) を作成して,ヒストグラムの特徴を検討してみる.図3は,6.2節で得られたデータを,ヒストグラムとして表している.このヒストグラムは,ヒストグラムの

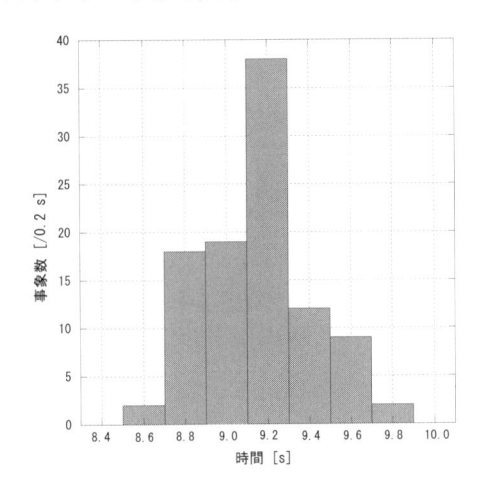

図3 鋼球が2本のテープ間を通過する時間の分布

各区画 (bin と呼ぶ) の時間幅を 0.2 s として,その範囲内にあるデータの数を縦軸にとっている.この分布は,9.1 s から 9.3 s の範囲にあるデータ数が一番多く,その値から離れるにしたがってデータ数が少なくなっていることがわかる.

できるだけ丁寧にかつ正確に測定を行っていれば,分布は一番頻度が多い時間を中心とした対称形 (後で述べる正規分布) になるであろう.このとき一番頻度が多い時間が平均値となることがわかる.

自分の分布を,他のグループの分布と比較してみる.比較すると,分布の広がり (幅) がグループによって異なることがわかる.測定値のばらつきが多いグループの分布ほど,分布の幅が広がっている.この分布の幅を評価する数値を**標準偏差**と呼び,ある物理量の測定を N 回行って得られたデータ x_i $(i = 1, \cdots, N)$ の標準偏差 σ_x は

$$\sigma_x = \sqrt{\frac{1}{N-1} \sum_{i=1}^{N} (x_i - \bar{x})^2} \tag{1}$$

で得られる.ここで,$\bar{x}$ は平均値であり,$x_i - \bar{x}$ は残差 d_i と定義する.

6.4 課題

1. 各グループで測定したデータを用いて,横軸に通過時間,縦軸にその時間に通過した個数をとったヒストグラムを作成せよ.ヒストグラムの各 bin の時間幅は,測定値の最大

値と最小値を含む区切りのよい範囲を 10〜12 等分したときの時間幅とすること.

2. 分布の平均値と標準偏差を計算せよ. 各 bin の時間は, その bin の時間の中央値 (bin が 0.0〜0.2 s であれば, 0.1 s) を用いること.

3. 作成した分布に, 計算で得られた平均値 (中央値) と標準偏差をもつガウス分布の曲線を描くこと (フリーハンドでよい). そして, ヒストグラムとガウス分布の曲線の関係や分布の広がりなど, 特徴的な事柄やわかった事柄を実験ノートにまとめよ.

4. ヒストグラムに描かれた分布から, 測定した鋼球の平均通過時間と誤差を求めよ. この場合, 各測定値で計算するのではなく, 各 bin の中心値と含まれている個数を用いて計算すること. 今回の場合, 誤差を求める下記の式

$$\sigma_{\bar{x}} = \frac{\sigma_x}{\sqrt{N}} = \sqrt{\frac{1}{N(N-1)} \sum_{i=1}^{N}(x_i - \bar{x})^2} \tag{2}$$

において

$$\sum_{i=1}^{N}(x_i - \bar{x})^2 \quad \rightarrow \quad \sum_{i=1}^{NB} A_i (xB_i - \bar{x})^2$$

(NB は bin の数, xB は bin の中心値, A はその bin に含まれる測定値の数) として計算する. なお, アクリル管に貼られた 2 つのテープ間の距離の誤差は, 鋼球の通過時間の誤差に比べて無視できるほど小さいと考えられる. したがって, 鋼球の平均速度の誤差は通過時間の誤差のみで決まり, 速度の大きさに対する誤差の大きさの割合と通過時間の大きさに対する誤差の大きさの割合は同じである. すなわち, この 2 つの相対誤差は等しいということである. いま, 通過時間の大きさを t, その誤差 (絶対誤差) を σ_t, 速度の大きさを v とすると, 速度の誤差の大きさ (絶対誤差) σ_v は

$$\frac{\sigma_v}{v} = \frac{\sigma_t}{t}$$

$$\sigma_v = v \times \frac{\sigma_t}{t}$$

となる.

5. 次に, 実際に測定した時間データ (生データ) を用いて, 鋼球の平均通過時間と誤差を求めよ. 得られた結果と課題 4 で得られた結果を比較して, わかったことをノートに記述せよ.

実験 7. 電流による熱の仕事当量

7.1 目的
抵抗加熱によって，熱の仕事当量を求める．

7.2 理論
力学的エネルギーが摩擦などで失われると，代わりに熱エネルギーが発生する．この現象は一般的なエネルギー保存則で，熱力学第 1 法則として与えられている．この法則によれば，Q [cal] の熱量は W [J] の仕事と等価である．1 cal(カロリー) の熱量に相当するエネルギーを熱の仕事当量といい，J [J/cal] と記す．

$$J = \frac{W}{Q} \tag{1}$$

ジュール (J. P. Joule, 1843 年，英) は，おもりを落下させることにより水の中にある羽車を回転させて，このときの水温の上昇を詳しく測り，おもりの失った位置エネルギーと水の得た熱量の比が一定値 J になることを検証した．この実験では，おもりと羽車の代わりに，電気抵抗に電流を流すことによって仕事を熱に変換し，仕事当量を求める．

抵抗 R [Ω] の電気ヒーターに電流 I [A] を流すと V [V] の電圧を生じ，このとき単位時間あたりに IV [W] の電気エネルギーを消費し，熱 (ジュール熱) が発生する．電流を Δt 秒間流したとき，m_1 [g] の水の温度が，$\Delta \theta$ [deg (°C)] 上昇したとする．電気の仕事 W は $IV\Delta t$ [J]，生じた熱量 Q は $(c_1 m_1 + c_2 m_2)\Delta \theta$ [cal] であるから，

$$J = \frac{W}{Q} = \frac{IV}{c_1 m_1 + c_2 m_2} \frac{\Delta t}{\Delta \theta} \text{ [J/cal]} \tag{2}$$

となる．ただし，c_1 [cal/(g・K)] と c_2 [cal/(g・K)] はそれぞれ水と銅の比熱であり，m_2 [g] は銅製容器の質量である．

7.3 実験装置
熱量計 (構成：銅製容器，温度計，撹拌棒，電気ヒーター〔ニクロム線〕，断熱材など)，電圧計 (DC 0 ~ 10 V)，電流計 (DC 0 ~ 3 A)，定電圧定電流直流電源 (DC 8V 3A)，ストップウオッチ，メスシリンダー，リード線，プラスチック製大型ビーカー．

7.4 実験方法と解析
(1) まず，電子天秤で，水を入れる銅製容器の質量 m_2 を g 単位で測定する．

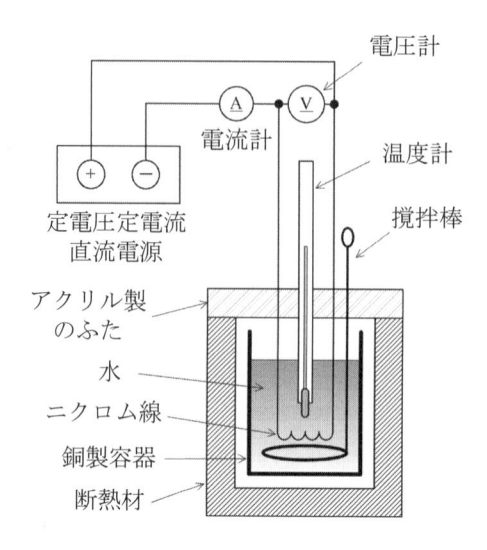

                                    図1 実験装置と結線図

(2) 図1に示すように，熱量計，電圧計，電流計および直流電源をリード線で接続する．このとき，電圧計や電流計の極性と測定レンジの選択に注意し，接触不良のないよう確実に接続する．

(3) 電気ヒーターの電力設定をまず行う．「空だき」防止のために銅製容器にニクロム線が十分つかるように水を入れる (まだ水量は測らなくてよい)．

(4) 配線に誤りのないことを十分確認したら，定電圧定電流直流電源のスイッチを入れる．

(5) 電圧計と電流計を見ながら，定電圧定電流直流電源の電流調整つまみを調節して，ヒーターの消費電力が約 20 W 前後になるように設定する．このときの電圧計と電流計の読みを，有効数字3桁の精度で読み取って，実験ノートに記録しておく．以後，定電圧定電流直流電源の電流および電圧調整つまみを変動させてはならない．

(6) 定電圧定電流直流電源の出力切替スイッチを OFF 側にして電流が流れないようにしてから，容器の水を捨てる．残った水滴を十分に拭き取って乾燥させた後，測定用の水を入れる．水道を室温 θ_0 より 2～3°C 低い温度の水が出るまで流した後，プラスチック製大型ビーカーで汲んでくる．ニクロム線が接続部分まですべて水中に没する量 (250～300 cc) の水をメスシリンダーで測り，銅製容器に入れる．この水量を実験ノートに記録する．なお，水量が少なくニクロム線の一部が水面上にあると大きな誤差を生じるので注意せよ．

(7) 水温が平衡状態になるまで，5～10 分程度待機する．

(8) 撹拌棒をゆっくりと動かしても水温が変化しないことを確認した後，まず，このときの水温を，時刻ゼロの測定データとして実験ノートに記録する．その後，いよいよ測定を開始する．

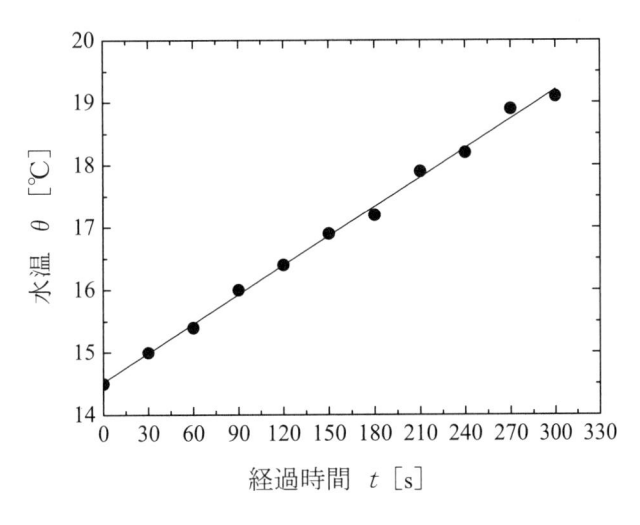

図 2 水温の時間変化

(9) 定電圧定電流直流電源の出力切替スイッチを ON 側にして電流を流し始めると同時に，ストップウォッチもスタートして，経過時間を測り始める．以後，休むことなく水を撹拌しながら 30 秒ごとに水温を測って，実験ノートに記録する．経過時間が 300 秒まで測定を続行する．測定結果は，表にして整理する．なお，測定中は電圧や電流が一定であることをときどき確認する．

(10) 図 2 を参考にして，横軸に経過時間 t [s]，縦軸に水温 θ [°C] をとり，測定データを方眼紙にプロットする．縦軸の原点は 0 °C とせず，最低および最高温度での水温の範囲を考慮して，縦軸の目盛の範囲や間隔を決める．ただし，y 切片が読み取れるようにする．

(11) 最小二乗法を用いて，測定データに対する適合直線の傾きと切片を算出して，図中に描画する．測定データが明らかに曲線を描いている場合や，ばらつきが大きい場合は検討を要する．

(12) 直線関係の勾配 (傾き) は，$\dfrac{\Delta \theta}{\Delta t}$ であり，式 (2) 中の $\dfrac{\Delta t}{\Delta \theta}$ の逆数を与える．これらから式 (2) を使用して仕事当量 J を算出する．

7.5 より進んだ取り扱い

(1) 1 回目の測定が，順調でかつ早く終わったとき：
水を入れ替え，「電気ヒーターの電力を変える」あるいは「水量 m_1 を変える」で，条件を変えて数回実験を繰り返して，結果を比較せよ．

(2) 現在信頼されている値（教科書の付表「諸定数」）との差 10 ％以内という目標はなかなか達成できず，より大きな値が出ることが多い．その原因を考察で議論してみよ．

(3) 水の密度の温度に対する依存性を調べて考察するのもよい．

(4) 誤差解析：

仕事当量の誤差の生じる要因としては，式 (2) に関しては，電圧の変動 ΔV，電流の変動 ΔI，水や銅製容器の質量の測定誤差 Δm_1, Δm_2，直線の勾配 $\Delta \theta / \Delta t$ (これをここでは α と書く) を決定するときの誤差 $\Delta \alpha$ が考えられる．仕事当量の測定は間接測定であり，式 (2) によると $J = J(V, I, m_1, m_2, \alpha)$ だから，誤差伝搬の法則に従って求めることになる．

これ以外に，断熱の不十分さに基づく熱の外部への漏洩が大きな影響を与えている可能性が考えられる．この場合どのような結果となるかを考察してみよ．

7.6 その他の注意事項

(1) 定電圧定電流直流電源

「定電流モード」で使用する．すなわち，出力電圧の調整つまみを時計方向いっぱいに回し切っておき，出力電流のつまみを徐々に時計方向に回転しながら電流を増大していく (このとき出力電圧も同時に自動的に増大する)．

本体の電源スイッチの他に，出力端子に電圧を発生させるか否かの切替スイッチ (押しボタン形式) がある．これを ON − OFF に使用しよう．

(2) アナログ方式の電流計・電圧計の読み方

鏡が背面についているので，指針と鏡面上の影とが一致する視線で目盛を読む．ダブルスケールになっているが，電線の接続されているフルスケールのレンジの表示を確認して判断する．

(3) 水の撹拌は十分行う必要があるが，よけいな仕事を水に与えないよう，ゆっくりと行う．

(4) 水には表面張力があるため，メスシリンダーによる水量の測り方に注意．また水量からどのようにして水の質量に変換するのかを各自考えよ．

実験 8. 気柱の実験

8.1 目的
音波による気柱の共鳴点を測定し，音波の速さを求める．

8.2 理論
(1) 音波

音波は媒質の密度の濃淡が伝搬するものである．媒質のある体積に圧力が加わると体積が歪みを受ける．これにより媒質自身はその歪みによる外力に対し反発することで応力を生じる．この歪みの伝搬が体積弾性波として伝わる．

体積 V の等方的な媒質に小さい圧力変化 ΔP が与えられたとき，ΔP は体積変化 ΔV に比例する[1]．

$$\Delta P = -k\frac{\Delta V}{V} \tag{1}$$

比例定数 k は媒質の体積弾性率に相当する．k が大きい物体は大きな圧力変化でないと体積は変化しない (バネに例えるとばね定数が大きければ少々の力では長さを変化させることができない) ことを意味する．式 (1) について $\Delta P \to 0$ の極限をとることで体積弾性率 k は

$$k = \frac{dP}{dV}V \tag{2}$$

と表すことができる．

一方，媒質の体積 V と圧力 P との関係は熱力学に従い，周囲とは熱の出入りがない断熱過程が成り立つと考えることができることから

$$PV^\gamma = \text{const.} \tag{3}$$

の関係が成り立つ．γ は定圧比熱と定積比熱の比である．式 (3) を V について微分したものに式 (2) を用いると

$$\frac{dP}{dV}V^\gamma + \gamma PV^{\gamma-1} = 0$$

$$-\frac{k}{V}V^\gamma + \gamma PV^{\gamma-1} = 0$$

$$\therefore\ k = \gamma P \tag{4}$$

---

[1] これはバネなどの弾性体にかかる力 F がバネなどの長さの変化量 x に比例する ($F = -k'x$, k' は比例定数) というフックの法則と同様な考え方である．

である．媒質中を伝わる音波の速さ (音速) v は媒質の体積弾性率が k，その密度が ρ のとき

$$v = \sqrt{\frac{k}{\rho}} \tag{5}$$

と表される．式 (4), (5) より，圧力 P と密度 ρ を用いて

$$v = \sqrt{\frac{\gamma P}{\rho}} \tag{6}$$

の関係式が得られる．媒質を空気とし，ボイル-シャルルの法則が成立する場合，圧力 P と絶対温度 T との間で $P \propto T$ が成立する．

0 °C ($\fallingdotseq$ 273.2 K) のときの音速を v_0 (今回の実験では $v_0 = 331.45$ m/s として行う) と，気温 t [°C] から音速 $v(t)$ は

$$v(t) = v_0 \sqrt{\frac{273.2 + t}{273.2}} = v_0 \left(1 + \frac{t}{273.2}\right)^{\frac{1}{2}} \tag{7}$$

と求めることができる．

（2） 気柱の共鳴

閉管の開口端で空気を振動させると，閉管中を空気の疎密波が伝わる．このとき，管内にある各部分の空気の疎密は縦波として伝わる (媒質の振動方向と波の進行方向が平行)．この波が閉管の底で反射し入射波と反射波は互いに干渉する．空気を振動させる音波の波長を λ とし，管の長さ ℓ が $\frac{\lambda}{4}$ の奇数倍であるとき，管内には定常波が生じる．

$$\ell = \frac{\lambda}{4}(2n+1), \quad (n = 0, 1, 2, 3, \cdots) \tag{8}$$

このとき閉管の底での反射は固定端反射になるので，閉管の底では節，開管の口では腹の定常波が生じることになる．閉管の振動は $2n+1$ 個の節をもつ定常波として存在する．それぞれを振動のモードと呼び，$n=0$ から順に基音，3次倍音，5次倍音，$\cdots$ と呼ばれる．一方，開管の振動は両方の開管の口で腹になるような定常波が生じるときに共鳴が起こる．

開口端を含め定常波の腹になる部分は疎密波の疎の部分であり，空気が大きく振動をしている．一方，気柱の底などの密な部分は空気がほとんど動かないため，振動の変位は小さい．なお，開口端の腹に相当する部分は管の端より少し外側である．このことに注意して実験を行う必要がある．

8.3 実験

（1） 実験装置および準備

目盛付共鳴管一式，おんさ．必要に応じてピンマイク，オシロスコープ，スピーカ，発信器など．

目盛付共鳴管は，ピストンを移動させる際の気柱の長さを測ることができる．変える際は棹ののびる方向に人や物がないことを確認すること．おんさの代わりに音源の周波数がわかる音

表 1

周波数	共鳴1 [cm]	共鳴2 [cm]	共鳴3 [cm]	共鳴4 [cm]	勾配	波長 [cm]	音速 [m/s]
700 Hz	…	…	…	…	…	…	…
820	…	…	…	…	…	…	…
1000	…	…	…	…	…	…	…

源を用いることも可能である．音が共鳴する気柱の長さの同定から音源の波長を求め，音源の周波数から音速を求める．共鳴がわかりにくい場合はマイクとオシロスコープを利用し，振幅の最大になる気柱の長さを求めてもよい．

（2） 実験

(1) 測定前後に気温，湿度，気圧を測定する．特に気温は実験後に使用する．
(2) 共鳴管の開口端近くにおんさを設置する．
(3) 共鳴管内のピストンを左右に動かし，共鳴点を確認する．
(4) このときの気柱の開口からピストン位置までの値を目盛から読み取る．
(5) ピストンを動かし 2 番目，3 番目，… の共鳴点を求める．
(6) 実験結果から波長を求める．

- 共鳴する気柱のピストンの位置を記録しながらグラフで確認すること (横軸：共鳴点番号 (表 1 参照)，縦軸：開口から共鳴点までの距離)．
- 共鳴点は周波数によって測定できる数は変わることに注意すること．
- 得られたグラフの傾きからその測定の音源の波長を求める．

(7) おんさは 2 種類についてそれぞれ音速を求める．

8.4 まとめ・考察

- 気温をもとに音速を求めたもの (式 (7) 参照) と実験値を比較し，その違いや誤差が妥当なものであるか評価する．
  [ex.] 空気の温度：22.5 °C，湿度：55 %，気圧：1018 hPa の場合

$$v_{22.5°C} = v_0 \left(1 + \frac{22.5}{273.2}\right)^{\frac{1}{2}}$$

- 媒質の体積 V と圧力 P との関係は熱力学に従い，周囲とは熱の出入りがない断熱過程が成り立つと考えることができるのはなぜか？
- 体積弾性率 k と媒質の密度 ρ のとき媒質中を伝わる速さ (音速) v との関係が式 (5) で与えられるのはなぜか？

- この実験では音速と波長および周波数の関係を仮定している．その関係はなにか？ なぜこう考えてよいのか？

実験 9. 光の回折

9.1 目的

光の回折・干渉実験を通して，光が波動であることを検証する．また，既知の格子定数の回折格子による光の干渉を用いて，未知の格子定数をもった回折格子の格子定数を求める．

この実験で使うレーザーを直接見ると，**危険**である．注意して実験を行うこと．

9.2 理論

（1） 波の干渉：回折格子

今回の実験で使う透過型の回折格子は図1のように多数のスリットが開いたものと考えればよい．

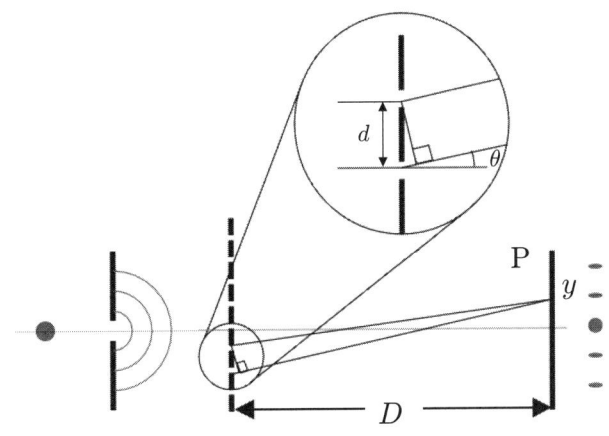

図1 回折格子による光の干渉

干渉の条件を導くためには，多数のスリットのうち隣り合うスリットから出る光の光路差を図のように考慮すればよい．スリットの間隔(格子定数)がdならば，以下の式を満たす角度θのときに異なったスリットを通過した波の山と山，谷と谷が強め合う．

$$d\sin\theta = n\lambda$$

ただし，λ, nはそれぞれ光の波長，整数である[1]．

（2） 原点を通る直線の最小二乗法

測定点が原点を通る直線で近似できる場合は，次のような方法で誤差を評価すると簡単であ

---

[1] $|\theta| \ll 1$という仮定を行って$\sin\theta \approx \theta$と近似することが多い．しかしながら，この実験では近似を行うと誤差が大きくなりすぎる．

る．測定点を (x_i, y_i) とし，x_i には誤差はなく y_i にのみ誤差があると仮定する[2]．これらのデータを p.17 で示す最小二乗法によって**原点を通る直線** $y = ax$ でフィットする．傾きの誤差 Δa は次のように評価せよ．

$$\Delta a = \frac{\Delta y}{\sqrt{\sum_i x_i{}^2}}.$$

各 y の測定に同じ大きさの誤差があると仮定し，その誤差の大きさを Δy とした[3]．

9.3 装 置

実験者一人一人に以下の機材を配付する．

- A4 ファイルボックス内に納められたレーザーをセットしたアクリル製の台
- 回折格子が貼り付けられたアクリル製のブロック 2 個 (K とマークされているもの回折格子 K，5 とマークされているものを回折格子 5 と呼ぶ．回折格子 K の格子定数は 1.0×10^{-3} mm である．)
- 方眼紙

実験はグループではなく，個人で行う．回折格子には触れないように注意すること．

9.4 実 験 お よ び 計 算

以下の手順に従って，赤色レーザーと回折格子 K を用いて，回折格子 5 の格子定数を求める．

(1) 赤色レーザーの波長の測定

回折格子 K は回折格子を貼り付けた面をスクリーン側にして，図 2 のように装置をセットする．アクリル製の台の下に方眼紙を敷き，スクリーンとの距離が 30.0 mm になるように回折格子を設置する．回折格子を置くとき，その側面が常に奥の定規に接しているようにすること．

中心および左右の輝点の大きさ，中心の輝点から左右の輝点までの距離を測定する．

次に回折格子とスクリーンの間の距離を 50.0, 70.0, 90.0 mm にして測定する．データは表 1 をノートに作製して整理すること．

図 3 のようなグラフを描く．このグラフの傾きから $d \sin\theta = \lambda$ となる θ の値が求まる．既知の格子定数 d よりレーザー光の波長を求めよ[4]．

---

[2] この実験ではあまり適切な仮定ではないが，計算を簡単にするために用いた．
[3] 誤差の伝搬法則による評価
$$\Delta a' = \frac{\sum_i |x_i| \Delta_i}{\sum x_i{}^2}$$
に従うと誤差を過大に評価してしまうので，使わない．ここで Δ_i は各測定点での y の誤差である．
[4] 実験中は，直線を目分量で引いてその傾きから計算する．レポート提出時には最小二乗法によって傾きを計算すること．
[5] ここの図のように場合によっては左右のデータの区別ができない場合もある．
[6] 輝点の大きさ以外に、誤差の原因に気がついたらノートに記録しておき，レポートの考察で議論せよ．

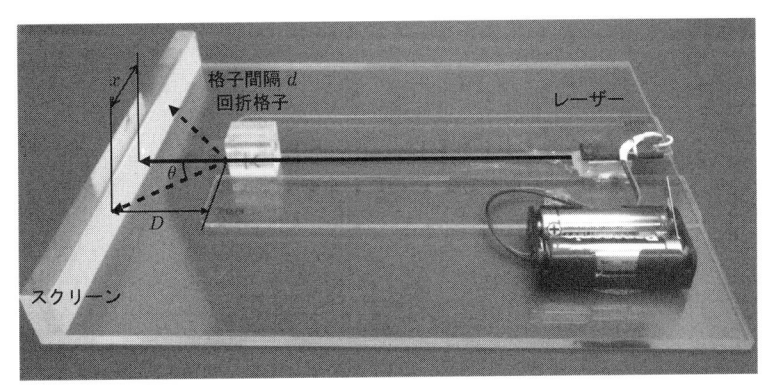

図2　セットアップ

表1　このような表をノートに作って，データを記録すること．

スクリーンまでの距離 [mm]	30.0	50.0	70.0	90.0
中心の輝点の大きさ [mm]				
右の輝点の大きさ [mm]				
左の輝点の大きさ [mm]				
中心と右の輝点間の距離 [mm]				
中心と左の輝点間の距離 [mm]				

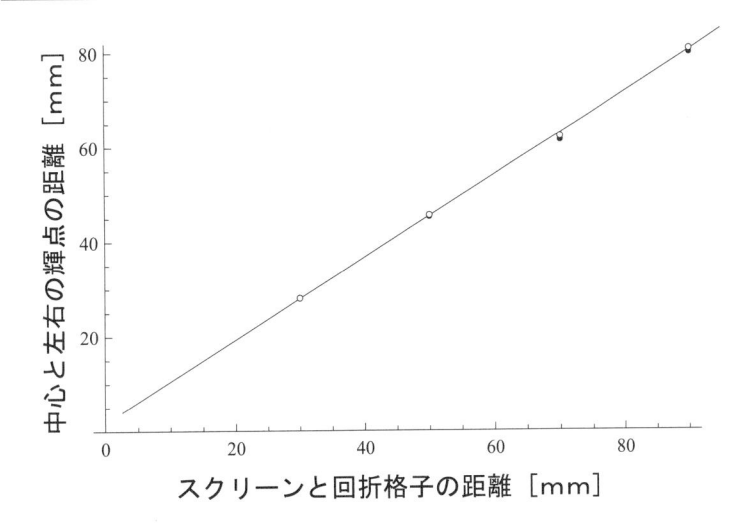

図3　「中心と輝点間の距離」と「スクリーンと回折格子間の距離」の測定例．データは左右の輝点の区別ができるように記号を変え[5]，誤差棒をつけること．誤差棒の長さは中心の輝点の半径と左右の輝点の半径の和とする[6]．

(2)　未知の格子定数の測定

同様の測定を回折格子5について行う．ここでは，(1)で求めた波長を使って，回折格子5の格子定数を求めよ．

輝点の現れる角度が回折格子 K とは異なっているので，誤差を減らせるようにスクリーンと回折格子間の距離を設定せよ．

（3） 2つの回折格子を同時に使った実験

回折格子 K をスクリーン側から 30.0 mm 離れたところに置き，回折格子 5 を K とレーザーの間に置く．2つの回折格子で回折された輝点が一致するように，回折格子 5 の位置を調整する．そのときのそれぞれの回折格子と輝点 ($n = \pm1$) の間の長さ (L_K, L_5) を測定する．このような測定を回折格子 K の位置を変化させて行い，光の波長を求めずに回折格子 5 の格子定数を求めよ．

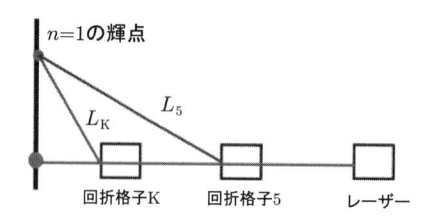

図 4　2つの回折格子を同時に使った測定．

（4） 実験終了後の後片付け

教員に結果を報告し，許可を得てから実験終了すること．実験装置がすべてそろっているかどうか確認し，装置を箱にしまう．

9.5 結 果

レーザーの波長と回折格子 5 の格子定数を求める．その目的に対応した結論が出せるように構成すること．実験を総合的に考慮して結果を出すこと[7]．

9.6 考 察

以下のことを議論せよ．

- 格子定数が 1.0×10^{-3} mm の回折格子 K では回折した輝点は左右に 1 つずつしか観測されない．$d\sin\theta = n\lambda$ によれば，$n = \pm2, \pm3, \cdots$ に対応した輝点が見られるはずである．これらの輝点が観測できない理由を考察せよ．
- 未知の格子定数の回折格子では左右に 2 個ずつ輝点が観測可能であり，それは $n = \pm1, \pm2$ に対応している．なぜ $n = \pm2$ に対応した輝点が観測できるのか議論せよ．
- 誤差の要因としては，輝点の大きさを考慮した．その他の誤差の要因を検討し，その誤

---

[7] 使っている回折格子 5 の回折格子は 1 つなので複数の数値を結果とすることはできない．

差を減らす方法を考案せよ．

時間に余裕がある場合は，緑のレーザーを用いて同様の実験を行うこと．

実験10. 屈折率

10.1 目的
遊動顕微鏡を用いて物質の屈折率を求める．

10.2 理論
　液体の入った容器を上から見ると，容器の底は実際より浅く見える．その場合の見かけの距離と実際の距離が屈折率に関係している．図1でAB間は未知屈折率 n の物質で満たされているとする．この厚さを d とする．いま，底面Bの1点Pを真上から見ると，Pから出た光は表面Aで屈折されて図1に示す経路をたどって目に入る．この光はちょうどP′から出た光のように見える．そこで，n とP′の位置との関係を求めればよい．PからB面に垂直に出た光線POのごく近傍の光線すなわち近軸光線PQを考えて，この光線のA面における入射角を α，屈折角を β とし，またOQを s とすると（図2）

$$n = \frac{\sin\beta}{\sin\alpha} \fallingdotseq \frac{\tan\beta}{\tan\alpha} = \frac{s/d'}{s/d} \tag{1}$$

$$\therefore \quad n = \frac{d}{d'} \tag{2}$$

ここでは $\alpha \ll 1$, $\beta \ll 1$ として $\sin\alpha \approx \alpha \approx \tan\alpha$, $\sin\beta \approx \beta \approx \tan\beta$ の関係を用いた．

　プリズムによって白色光線が7色に分散することからも明らかなように，屈折率は同じ物質でも光の波長によって異なる．したがって，太陽光線や電灯の光のような白色光を用いて測定

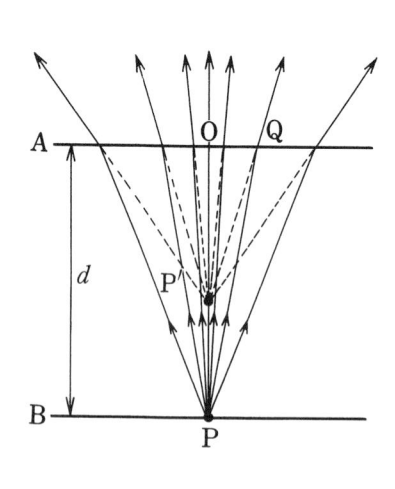

図1

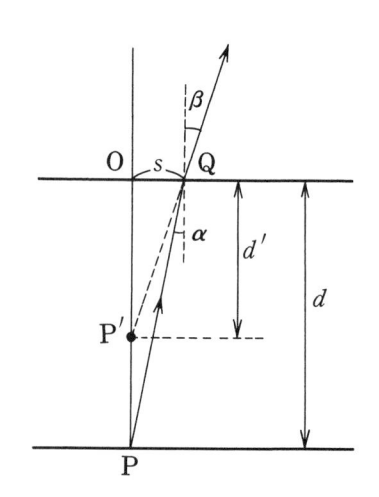

図2

—72—

した屈折率は，いろいろな波長に対する屈折率が関係した値となる．ナトリウムランプなどを用いればその単色光に対する屈折率が求まる．さらに屈折率は温度によっても異なるが，ここで行う測定の精度ではこれらの影響は無視できるものとする．

10.3 装置

遊動顕微鏡，試料，シャーレ，ネジ．

10.4 方法

(1) ガラス板の場合

屈折率 n は図2の試料の厚み d と表面 A から虚像 P′ までの距離 d' を知れば算出することができる．d と d' は遊動顕微鏡の垂直方向の移動距離を用いて測定する．顕微鏡で物体を見る場合，ピントが合うときの物体までの距離は一定であるから，P 点，P′ 点，O 点にそれぞれピントを合わせたときの顕微鏡の位置から d と d' が求まる．P 点にピントを合わせたときの目盛の読みを x_P，P′ 点のときのそれを $x_{P'}$，O 点のときのそれを x_O とすると

$$d = x_O - x_P, \; d' = x_O - x_{P'}$$
$$n = \frac{d}{d'} = \frac{x_O - x_P}{x_O - x_{P'}}. \tag{3}$$

実際に試料をガラス板とした場合について考える．この場合，x_P はガラス板をはずして直接顕微鏡の台の面にピントを合わせたときの遊動顕微鏡の目盛の読みである．次にガラスを通して浮き上がった同じ台の面を見たときの目盛の読みが $x_{P'}$，最後にガラスの上面の塵または表面につけたインクなどにピントを合わせたときの目盛の読みが x_O に対応する．

測定の際，顕微鏡は一番低い位置から上へあげる方向に移動させること (逆ではなぜ駄目か，考えよ)．

図3

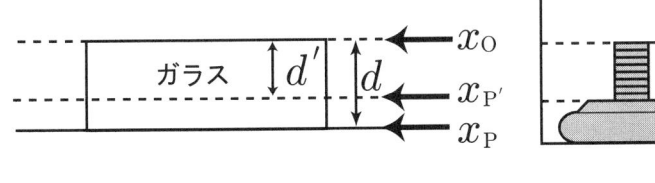

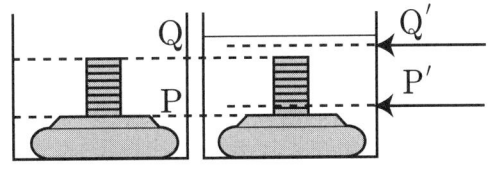

図4 左図は液体なし，右図は液体ありのときの目盛の読みに対応する

(2) 液体 (水など) の場合

液体の場合にはシャーレを用いて，上と同じ方法で測定することもできるが，液面の位置を精度よく測定することは困難であるので別の方法をとる．図4で液面からの深さが p および q の2点 P,Q を液面上方から見れば浮き上がって P′,Q′ に見えたとする．また液面から P′,Q′

までの距離を p', q' とすると (2) 式から
$$n = \frac{p}{p'}, \quad n = \frac{q}{q'}$$
$$\therefore \quad n = \frac{p-q}{p'-q'} = \frac{x_\mathrm{P} - x_\mathrm{Q}}{x_\mathrm{P'} - x_\mathrm{Q'}}.$$

測定は図 4 のようなネジの任意の 2 面を P,Q として測定を行えばよい．ただし，液体を入れるときはネジの位置が動かないようネジを固定するなどの注意が必要である．まず，液体がない状態で，ピントを P に合わせたときの目盛の値を x_P とし，Q に合わせたときの値を x_Q とする．次にシャーレの位置は変えないようにして，指標ねじが動かないように，ビーカに用意した試料液体を，ネジが液中に没するところまで静かに注ぐ．このときの P′ および Q′ にピントを合わせたときの目盛の値 $x_\mathrm{P'}$ および $x_\mathrm{Q'}$ を測定する．

測 定 例

試料：ガラス

	x_P [cm]	$x_\mathrm{P'}$ [cm]	x_O [cm]	n
1	6.847	7.117	7.622	1.534
2				
3				
4				
5				
平均				

試料：水

	x_P [cm]	x_Q [cm]	$x_\mathrm{P'}$ [cm]	$x_\mathrm{Q'}$ [cm]	n
1	7.824	8.365	8.108	8.514	1.333
2					
3					
4					
5					
平均					

目盛は 24.5 mm を 50 等分した副尺がついているので 1/100 mm まで読み取ることができる．データはたとえば上のような表にまとめるとよい．単純に表の 5 つの n の平均 $\bar{n}$ と平均誤差 Δn から $n = \bar{n} \pm \Delta n$ を求めることもできるが，ここでは次のように各測定値の誤差の伝播を考慮して屈折率を求める．ガラスの場合について説明すると，順に x_P を 5 回，$x_\mathrm{P'}$ を 5 回，x_O を 5 回測定したデータより，$x_\mathrm{P} = \overline{x_\mathrm{P}} \pm \Delta x_\mathrm{P}$, $x_\mathrm{P'} = \overline{x_\mathrm{P'}} \pm \Delta x_\mathrm{P'}$, $x_\mathrm{O} = \overline{x_\mathrm{O}} \pm \Delta x_\mathrm{O}$ を計算し，$\bar{n} = \dfrac{\overline{x_\mathrm{O}} - \overline{x_\mathrm{P}}}{\overline{x_\mathrm{O}} - \overline{x_\mathrm{P'}}}$ と Δn を求めることができる (13 ページの例 3 ガラスの屈折率の式

(17) を参照).

10.5 まとめ・考察

この実験で求めたガラスと水の屈折率は $n = \bar{n} \pm \Delta n$ の形で結果を表記すること．測定精度を上げるためにどうすればよいか考えよ．屈折率とはそもそも何か？ 物体によって違うのはなぜ？ 遊動顕微鏡以外でこの実験を行うにはどのような実験方法が考えられるか？

実験 11. ニュートンリング

11.1 目的
ニュートンリングを利用してレンズの曲率半径を測定する．

11.2 理論
平板ガラスの上に凸面を下にして平凸レンズを載せる（図1参照）．上方より波長 λ の光が入射したとき，光の一部分は凸レンズ面の A 点で反射し，一部分は A 点を透過し平板ガラス面 B 点で反射する．このように反射した光は互いに干渉する．A 点，B 点で反射した光の行路差は $2\overline{\mathrm{AB}}$ である．A 点で反射した光は位相に変化はないが，B 点での反射光は入射光に比べて位相が π だけずれる（位相 π のずれは行路差 $\lambda/2$ に相当する）．このことを考慮して

$$2\overline{\mathrm{AB}} = 2m \cdot \left(\frac{\lambda}{2}\right) \qquad (m = 0, 1, 2, \cdots) \tag{1}$$

のとき，A, B 点の反射光は互いに打ち消し合い，

$$2\overline{\mathrm{AB}} = (2m+1) \cdot \left(\frac{\lambda}{2}\right) \qquad (m = 0, 1, 2, \cdots) \tag{2}$$

のとき互いに強め合う．

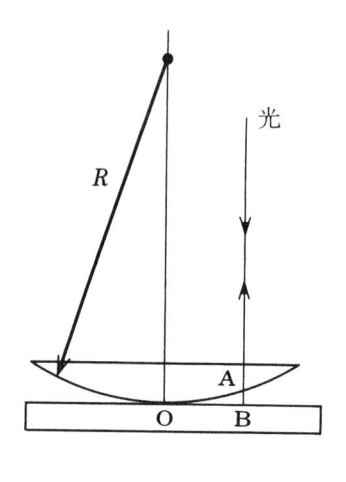

図1

レンズとガラス板の接触点を O とし，レンズの曲率半径を R とすれば，ピタゴラスの定理

により
$$(R - \overline{AB})^2 + \overline{OB}^2 = R^2$$
の関係がある．平凸レンズの曲率半径は非常に大きく $R \gg \overline{AB}$ であり
$$2\overline{AB} = \frac{\overline{OB}^2}{R}$$
が成立する．ゆえに，(1) 式より
$$\frac{\overline{OB}^2}{R} = m\lambda \qquad (m = 0, 1, 2, \cdots) \tag{3}$$
をみたすとき B 点は暗くなる．すなわち，上方から見たとき O を中心に半径 $\overline{OB}$ の暗輪ができる．明輪の場合も同様に議論ができる．$OB = \ell_m$ とすれば，中心から第 m 番目の暗輪および明輪の半径はそれぞれ

$$\begin{cases} \ell_m = \sqrt{m\lambda R}, & (暗輪半径) \\ \ell_m = \sqrt{\left(m - \frac{1}{2}\right)\lambda R}, & (明輪半径) \end{cases} \qquad (m = 1, 2, \cdots) \tag{4}$$

で与えられる．この明輪の輪を**ニュートンリング**と呼ぶ．ここで中心が暗くなるはずであるが，中心はすぐ外側の明輪によって暗点を観測できない．

11.3　装置

平凸レンズ，平面ガラス板 (大, 小)，遊動顕微鏡，ナトリウムランプ，(反射用ガラス板保持) スタンド．

11.4　方法

必要な装置を図 2 のように配置する．このとき
(a) 遊動顕微鏡の真下に平凸レンズがくる．
(b) 反射用ガラス板はレンズとだいたい 45° にする．
(c) ナトリウム光線は遊動顕微鏡の真下にある反射用ガラスの部分にあたる．
などの注意をしなければならない．
次に，
(1) 顕微鏡をのぞきながら反射用ガラス板を静かに回転させて視野が明るくなるようにして固定する．
(2) 顕微鏡の鏡筒を下から上へ引き上げてリングにピントを合わせる．
(3) リングの端が少しでも見えれば，それを見失わないようにしながら平凸レンズ，平板ガラスを動かし，リングの中心が見えるようにする

ニュートンリングが明確に見えるように調整してからリングの半径を測定する．第 m 番目

図2

図3

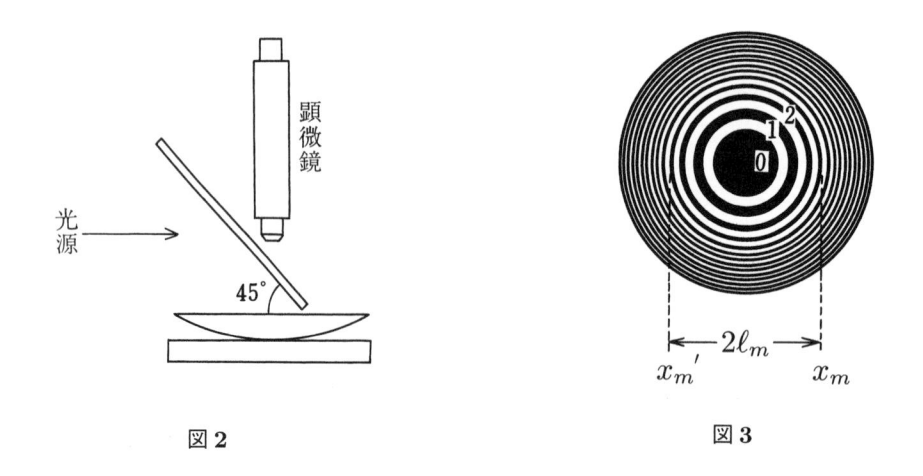

の暗輪の半径 ℓ_m は図3のように $x_m, x_m{}'$ を測定し，次式

$$\ell_m = \frac{|x_m - x_m{}'|}{2}$$

で求める．ℓ_m の測定ができたらグラフ用紙の縦軸に $\ell_m{}^2$，横軸に m をとりグラフを描く．$\ell_m{}^2$ と m は式(4)の第1式の直線関係にあり，理論上は原点を通らなければならない．しかし，測定点を通る直線は必ずしも原点を通るとは限らない(誤差の範囲で原点を通ることが期待される)．そこで，グラフの直線はすべての測定点がなるべくよく合うように引き，原点を強引に通すことはしない(理論と実験は区別して処理する)．この直線は最小二乗法(15ページ参照)

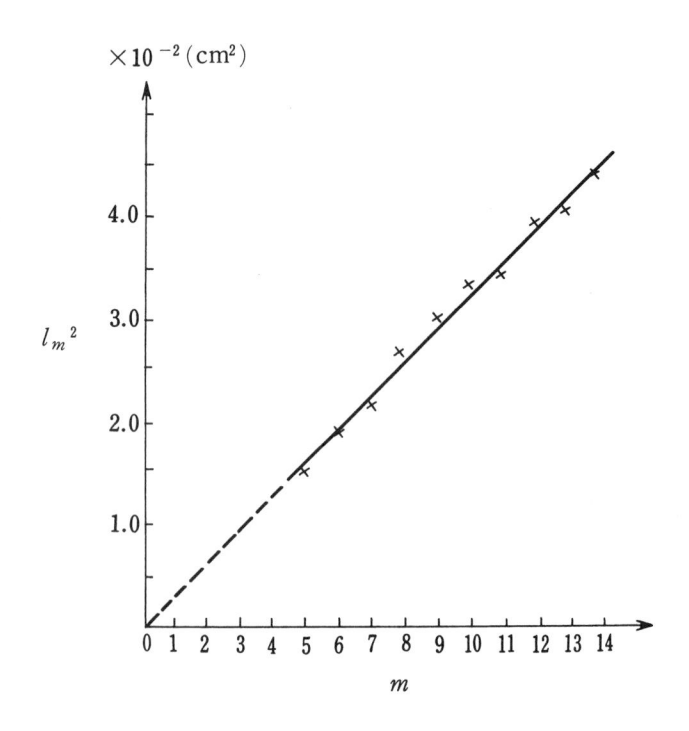

リング半径の測定値

m	x_m [m]	$x_m{}'$ [m]	ℓ_m [m]	$\ell_m{}^2$ [m^2]
5	4.35×10^{-3}	1.90×10^{-3}	1.225×10^{-3}	1.500×10^{-6}
6	4.50	1.77	1.365	1.863
7	4.62	1.67	1.475	2.175
8	4.74	1.56	1.590	2.528
9	4.82	1.46	1.680	2.822
10	4.89	1.35	1.770	3.313
11	4.93	1.27	1.830	3.348
12	5.09	1.19	1.980	3.920
13	5.15	1.13	2.010	4.040
14	5.24	1.05	2.095	4.389

で求めてもよい．この測定例では，グラフより直線の勾配は 0.321×10^{-6} m^2 であり，これは λR に等しい．今回の実験で用いる光源の波長 (この例ではナトリウム D 線：波長 589.3 nm) を用いて

$$R = \frac{0.321 \times 10^{-6} \text{ m}^2}{589.3 \times 10^{-9} \text{ m}} = 5.45 \times 10^{-1} \text{ m}$$

となる．

実験12. 固体の線膨張 1

12.1 目的
金属棒の長さの温度変化を測定することにより，金属の線膨張係数を求める．ここでは金属としてアルミニウムを用いる．

12.2 原理
通常，物質は温度を上げると膨張し，物体の長さは長くなる．ある物体の温度 T における長さを $\ell(T)$ とすれば，温度 T における**線膨張係数** $\alpha(T)$ は
$$\alpha(T) = \frac{1}{\ell(T)} \frac{d\ell}{dT} \tag{1}$$
によって与えられる．本実験では，アルミニウム棒の長さの温度変化を測定することによって，20 °C における平均線膨張係数を求める．

12.3 装置
実験に使用する器具は以下の通りである．

表1 材料，器具など

アルミニウム棒 (温度計，ヒータ付き)	1本/人
直流電源	1台/人
マイクロメータ (箱入り)	1個/人

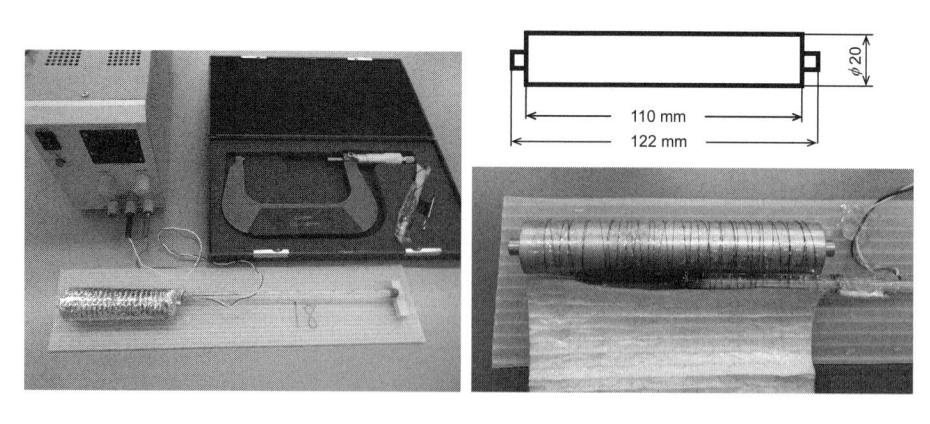

図1 左：直流電源，マイクロメータ，アルミニウム棒と温度計，右：アルミニウム棒 (断熱材を外したところ)

アルミニウム棒は，図1右のように温度計を接触させ，周囲にヒータ線が巻き付けてある．その上から断熱材によって全体を覆い，ヒータから発生した熱を逃がさないようになっている．

直流電源を使用する際には，まず電源を入れる前に電流および電圧の設定つまみを最小の位置に合わせる．その後に電源にヒータ線を接続して，電源を入れる．

本実験で使用するマイクロメータは通常のマイクロメータとは異なり，長さ100 mmから125 mmの物体を1/1000 mmの精度で測定できるものである．副尺の使い方は20ページを読んで理解し，要点を予備学習用紙に記録しておくこと．

12.4 実験方法

(1) 室温での長さ測定

マイクロメータの使用法に慣れるために，図2のようにして，アルミニウム棒の長さを5回測定する．必ずラチェットを使用して測定すること．1回ごとにアルミニウム棒からマイクロメータを外し，新たに測定する．測定結果はノートに記録する．

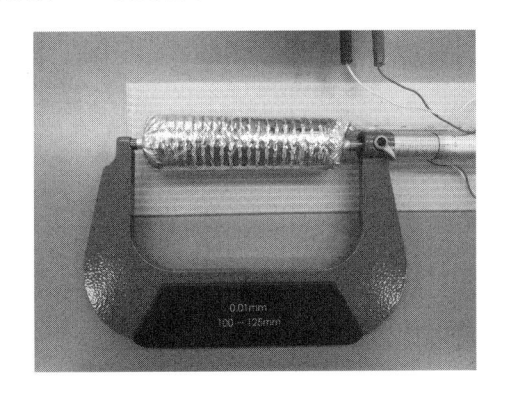

図2 アルミニウム棒の長さ測定

次に，アルミニウム棒の長さℓをさらに10回測定して，11ページに従って平均値$\bar{\ell}$と平均誤差σを計算する．この際，アルミニウム棒の温度も測定しておくこと．

(2) アルミニウム棒の長さの温度変化の測定

以下の手順に従って，アルミニウム棒の長さの温度変化を測定せよ．

1. 直流電源の電圧，電流設定つまみが最小の位置になっていることを確認してから電源スイッチを入れる．大きな電圧，電流が表示されていないことを確認してから，電源スイッチ下の赤いボタンを押す．
2. ヒータに流す電流を0.65 Aに設定する．電圧つまみを数回回した後，電流つまみを回して電流値を設定すること．
3. 10分待って，温度計の値を読む．

4. アルミニウム棒の長さを測定する．
5. 再度，温度を測定する．測定する前の温度とここで測定した温度から平均温度を計算する．

以上の2～5の手順を電流

$$0.90\ A,\ 1.10\ A,\ 1.20\ A,\ 1.25\ A,\ 1.40\ A,\ 1.55\ A,\ 1.70\ A$$

に対して行う．上記の電流値を厳密に設定する必要はない．ただし，**温度が 80 °C を越えたら，電流を次の値ではなく 0 A に設定する**．以後，温度が下がる過程で 5 分ごとに長さの温度変化を測定する．30 °C 以下の測定を行ったら実験は終了である．

表2のような表をノートに作成して，測定結果を記録していくこと．また，測定を行いながら，測定点を図3のようにプロットする．温度下降時のデータを取り始めたら，目分量でよいのでデータをフィットする直線を引き，線膨張係数を概算すること．

測定終了後は，直流電源の電圧，電流設定つまみをそれぞれ最小の位置に合わせてから，赤いボタン，電源スイッチの順に切る．

表2 アルミニウム棒の温度変化の測定データ例

時刻	電流 [A]	測定前温度 [°C]	長さ [mm]	測定後温度 [°C]	平均温度 [°C]
13:55	0.63	27.0	122.012	27.2	27.1
14:05	0.89	32.2	122.034	32.4	32.3
14:15	1.09	39.5	122.054	39.7	39.6
14:25	1.18	45.7	122.066	45.8	45.75
14:35	1.26	50.2	122.085	50.4	50.3
14:45	1.41	55.9	122.106	56.2	56.05
14:55	1.55	64.9	122.136	65.2	65.05
15:05	1.68	72.7	122.158	72.9	72.8
15:15	1.68	83.3	122.186	83.6	83.45

12.5 データ処理

室温におけるアルミニウム棒の長さの平均誤差 σ を，アルミニウム棒の温度変化の測定における長さの誤差とする．

図3のように平均温度に対するアルミニウム棒の長さをプロットする．ただし，長さの誤差を表すために，プロットした点の上下に σ の長さの棒を描く．測定中の温度変化が大きい場合は測定前と測定後の温度を直線で結ぶこと．次に，データの近似直線を最小二乗法により求め，

「アルミニウム棒の長さの温度変化」のグラフに描き込む．その傾きが $\dfrac{d\ell}{dT}$ となる．温度上昇時と下降時のデータを別々に使って，それぞれの場合の近似直線を計算する．この際，温度上昇時と下降時のデータは，●と○などのように印を区別して，同じグラフに載せると比較しやすい．

20 °C における線膨張係数 α を求めるには，近似直線より，まず 20 °C のアルミニウム棒の長さを求めてから，式 (1) を用いて計算する．また線膨張係数の誤差については 15 ページを参照して計算する．

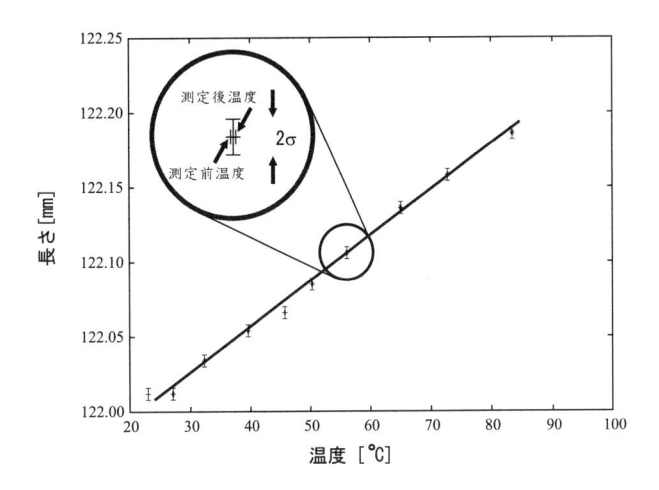

図 3　アルミニウム棒の長さの温度変化 (温度上昇時)

12.6　結論

結果は，上の例から $\alpha(20) = (25.5 \pm 0.6) \times 10^{-6}\ \mathrm{deg}^{-1}$ のように示す．ただし，温度上昇時と下降時の測定を総合的に判断して，結果を出すこと．

12.7　考察

- 付表の値と比較し，結果の妥当性について議論せよ．
- 温度上昇時と下降時の値に違いが出ていれば，その理由について考察せよ．
- この実験で用いたアルミニウム棒が，図 1 右のような形をしているのはなぜか．

実験 13. 固体の線膨張 2

13.1 目的
金属棒を熱することによってその長さの変化を調べ，線膨張係数を求める．

13.2 理論
温度 t に対する長さ ℓ の変化の割合
$$\alpha = \frac{1}{\ell}\frac{d\ell}{dt} \tag{1}$$
を**線膨張係数**という．α の温度依存性は 0 ～ 100 °C の範囲では，きわめて小さく，$d\ell/dt$ はほとんど一定とみなせる．温度 t_0 において ℓ_0 であったものが温度 t において長さ ℓ になったとすると，$\Delta t = t - t_0$，$\Delta \ell = \ell - \ell_0$ などとおいて，式 (1) は
$$\alpha = \frac{1}{\ell_0}\frac{\Delta \ell}{\Delta t} \tag{2}$$
と書ける．

13.3 装置
試料棒 (Al, Cu, Fe, しんちゅうなどのうち 1 種類)，試料加熱器，蒸気発生器，ダイアルゲージ，mm 尺度

13.4 方法
蒸気発生器に半分ほど水を入れ，図 1 のように装置を設置する．試料加熱器につながっているほうのコックを閉じ，他方のコックを開けて蒸気発生器を加熱する (両方のコックを同時に閉じて加熱すると危険である．蒸気発生器を密閉して加熱すると爆発する)．

蒸気が出るのを待つ間に次のことをしておく．
(1) まず，試料棒を 1 本選び出し，室温における長さ ℓ_0 を mm の桁まで測定する．
(2) 試料加熱器の上下 2 か所にある温度計を引き抜いておき，試料棒を入れた後で温度計を差し込む．室温で，この 2 つの温度計 A, B の値を読み取り，その平均値を t_1 とする．
(3) 次に，伸びを測るため，ダイアルゲージの針の先を試料棒の先端に軽く押しつけて位置を調節し，支柱にダイアルゲージを固定する．固定した後，ダイアルゲージの目盛を読み取る．このときの目盛の読みを x_1 とする．
(4) 蒸気を送って試料棒を加熱する前に，どの程度伸びるかを，計算してみる．試料棒は，

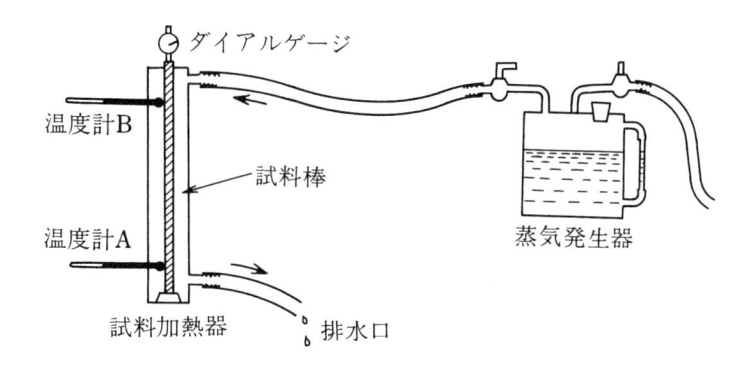

図1

はじめ室温と同じであり，次に100°C近くまで加熱されるのであるから，温度差は $\Delta t = 100 - t_1$，また試料棒の長さ ℓ_0 はわかっているから，伸びは $\Delta \ell = \alpha \ell_0 \Delta t$ で求められる (線膨張係数 α の値は巻末の表で調べる)．したがって，加熱したときの試料棒の伸びを予想することができ，データのチェックにもなる．

さて，十分蒸気発生器を加熱したところで，

(5) 試料加熱器へつながっているほうのコックを開き，他方のコックを閉じる (両方開けたままにしておくと，十分に蒸気が送られない)．このとき，火傷に注意！ 蒸気が十分送られて，A, B 両温度計が100°C付近で温度平衡に達したら (温度計の水銀柱が動かなくなった後，5分ほどそのままにしておく)，温度計を読み取り，その平均値を t_2 とする．

(6) 温度平衡状態を保ちながら，ダイアルゲージの目盛を読み取る．その値を x_2 とする．

(7) $\Delta t = t_2 - t_1$, $\Delta \ell = x_2 - x_1$ として，式 (2) に代入すると，α が求められる．

測定例

試料：アルミニウム棒
  室温における長さ $\ell_0 = 502$ mm
  加熱前の温度 $t_1 = 23.4$ °C ダイアルゲージ $x_1 = 12.5 \times 0.01$ mm
  加熱後の温度 $t_2 = 99.6$ °C ダイアルゲージ $x_2 = 96.7 \times 0.01$ mm

したがって

$$\Delta t = 99.6 - 23.4 = 76.2 \text{ °C} \qquad \Delta \ell = 0.842 \text{ mm}$$

アルミニウムの線膨張係数は

$$\alpha = \frac{1}{\ell_0} \frac{\Delta \ell}{\Delta t} = \frac{1}{502} \frac{0.842}{76.2} = 2.20 \times 10^{-5} \text{ deg}^{-1}$$

(8) 線膨張係数 α の有効桁数の評価

今回，時間的制約もあり繰り返し多数回の実験ができないが，だからといって，まったく誤差の評価ができないということではない．長さの測定を例にとると，1回きりの測定だからといって，その値がまったくデタラメで信用できないというのではなかろう．

使用する物差しのできにもよるが，その目盛を信用する限り，その目盛が指し示す値までは正しい結果を得たとしてよいはずである．問題は，目盛と目盛の間を，いかに正確に読み取るかにある．一般に，この正確さは，読み取りを多数回繰り返し，その平均値を用いることによって，誤差を小さくはできるが，今回のように1回きりの測定では，使用する器具・方法などから推定できる最大誤差の範囲内での測定値と考えられる．ここでは安全を見込んでこの最大誤差範囲内にある各々の測定値が結果に及ぼす最大誤差を求めてみよう．

間接誤差の計算 (14ページの式 (22)) によれば，α に対する最大誤差の評価はいま，$\alpha = \dfrac{1}{\ell_0} \dfrac{x_2 - x_1}{t_2 - t_1}$ であるから

$$\left|\frac{\Delta \alpha}{\alpha}\right| = \left|\frac{\Delta \ell_0}{\ell_0}\right| + \left|\frac{\Delta x_1}{x_2 - x_1}\right| + \left|\frac{\Delta x_2}{x_2 - x_1}\right| + \left|\frac{\Delta t_1}{t_2 - t_1}\right| + \left|\frac{\Delta t_2}{t_2 - t_1}\right|$$

となる．ただし，$\Delta \ell_0, \cdots$ は，$\ell_0, \cdots$ に対する誤差を表す．

いまの場合，この誤差を次のように推定する．経験によれば，よほどいい加減な実験者でも，使用した測定器の最小目盛りの2分の1まで，普通は，5分の1まで読むことができる．そこで，使用した実験器具の精度を考えて

$$\Delta \ell_0 = 0.5 \text{ mm}, \qquad \Delta x_1 = \Delta x_2 = 0.005 \text{ mm}, \qquad \Delta t_1 = \Delta t_2 = 0.2 \text{ °C}$$

とおくと

$$\frac{\Delta \ell_0}{\ell_0} = \frac{0.5}{502} \cong 10^{-3}$$

$$\frac{\Delta x_1}{x_2 - x_1} = \frac{\Delta x_2}{x_2 - x_1} = \frac{0.005}{0.842} \cong 6 \times 10^{-3}$$

$$\frac{\Delta t_1}{t_2 - t_1} = \frac{\Delta t_2}{t_2 - t_1} = \frac{0.2}{76.2} \cong 3 \times 10^{-3}$$

と得られ，$\left|\dfrac{\Delta \alpha}{\alpha}\right| \cong 2 \times 10^{-2}$ となる．したがって，アルミニウムの線膨張係数の有効桁数は，2桁程度と見積もられる．

実験14. コンデンサーの充放電

14.1 目的

コンデンサーの充放電特性を調べ，RC 回路の時定数を求める．装置の不完全さについても考察する．

14.2 理論

(1) オームの法則

導体内には自由に動くことのできる電荷が存在するので，もしも電場が一定に保たれるならば電荷の移動が継続する現象が起こる．それを，「電流が流れている」という．時間的に変化しない電流を「定常電流」あるいは「直流電流」（ときには省略して「直流」）という．

電流の強さを単位時間内に通過する電荷の総量によって表し，その単位をアンペアと呼び A と略記する．電荷の単位クーロン (C) は 1 A の電流が流れているときに毎秒通過する電荷の量として定義される．

針金の両端に一定の電圧 V（単位は V）を与えると定常電流 I が得られる．オームが発見した法則は

定常電流は電圧に比例する

というものであった．このときの比例定数を抵抗と呼び，記号としては通常 R を用いる．ただし，一般にオームの法則というと以下の式を意味する．

$$V = RI \tag{1}$$

これは，抵抗（抵抗値 R）に電流 I が流れると，抵抗の両端には電圧 V が生じることを意味する[1]．抵抗の単位は V/A であるが，これをオームと呼び Ω で表す．

(2) コンデンサー

まず，1 枚の金属板を考えよう．ここに電荷を置いても同種の電荷は反発するので，1 枚の金属板に蓄えることができる電荷は極微小である．次に，2 枚の金属板を接触しないように向かい合わせに置いた電極の組を考える．この電極の一方にプラスの電荷，もう一方にマイナスの電荷が与えよう．プラスとマイナスの電荷は引きつけ合うので，1 枚の金属板だけの場合に比べると大量の電荷を蓄えることができる．このように2枚の金属板を組にして，より多くの電荷を蓄えることができるように工夫した素子をコンデンサーという．蓄えられる電荷 Q と

---

[1] オームの発見した法則は R が一定であるということを意味する．しかしながら，式 (1) は R が電流の大きさに応じて変化してもよく，抵抗を定義する式と考えてもよい．

両金属板の間に生じる電位差 V の間には比例関係があり，その比例定数をコンデンサーの電気容量 C という．電気容量の単位はファラド (F) である．

(3) 過渡現象

図1のような回路を考える．最初，電池がスイッチを通じて抵抗に接続されている場合を考える（スイッチは A 側）．ある時刻 $t = 0$ にスイッチを B 側に切り替えると，コンデンサーに蓄えられていた電荷が抵抗を通じ電流 $I(t)$ として流れ，次第にコンデンサーの両端の電圧 $V(t)$ は小さくなっていく．最終的にはゼロになる．各瞬間ごとにオームの法則が成り立つので，抵抗の両端の電圧は $V(t) = RI(t)$ である[2]．$Q(t)$ を各瞬間にコンデンサーに蓄えられている電気量とすると，$V(t)$ と $I(t)$ の間には

$$I(t) = -\frac{\mathrm{d}}{\mathrm{d}t}Q(t) = -C\frac{\mathrm{d}}{\mathrm{d}t}V(t) \tag{2}$$

の関係があるので，式 (2) は微分方程式

$$V(t) = -RC\frac{\mathrm{d}}{\mathrm{d}t}V(t) \tag{3}$$

と等価である．初期条件（$V(0) = V_0$）を考慮すると

$$V(t) = V_0 \exp(-t/\tau) \tag{4}$$

が解として得られる．ここで $\tau = RC$ で，τ は RC 回路の時定数と呼ばれる．また，コンデンサーは蓄えた電気を放出するので，「コンデンサーが放電する」という．

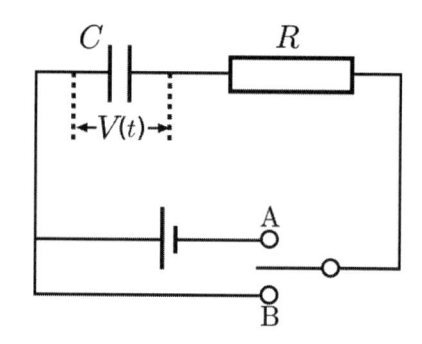

図1 コンデンサーの充放電回路

次に，最初スイッチは B 側にあって，時刻 $t = 0$ に A 側に切り替える場合を考える．この場合，$V(\infty) = V_\infty$ とすると，微分方程式は

$$V_\infty - V(t) = RC\frac{\mathrm{d}}{\mathrm{d}t}V(t) \tag{5}$$

となる．また，$V_\infty - V(t) = X(t)$ とおくことにより，解くことができて

$$V(t) = V_\infty \left\{1 - \exp\left(-\frac{t}{\tau}\right)\right\} \tag{6}$$

---

[2] スイッチが B 側にある場合，抵抗とコンデンサーは並列接続とみなせるので，$V(t)$ は抵抗の両端の電圧でもある．

が得られる．この場合は，コンデンサーに電気が蓄えられていくので「コンデンサーは充電される」という．

14.3 装置

図2のような装置を用いる．測定器はデジタル・テスターとストップウォッチである．コンデンサーの電気容量は $47\ \mu\mathrm{F}$，抵抗の大きさは $910\ \mathrm{k}\Omega$ である．テスターを**直流電圧を測定する**モードにして，図3のように装置に接続する．

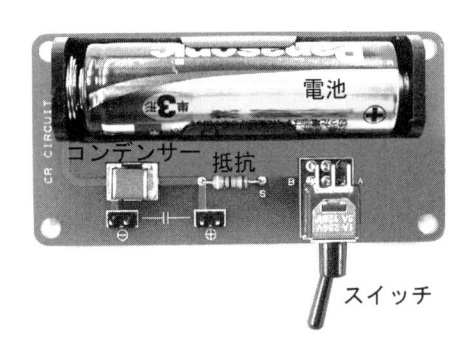

図2 コンデンサーの充放電の測定回路

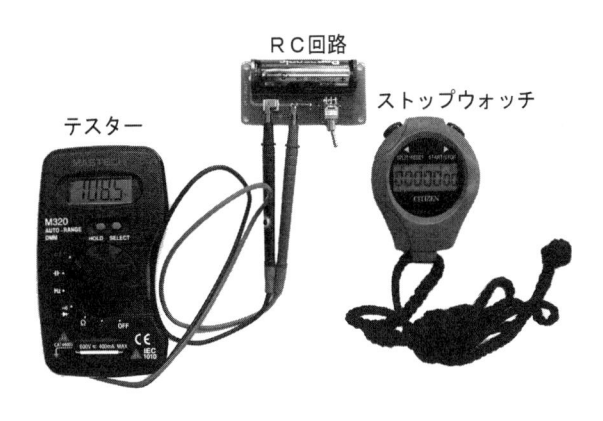

図3 コンデンサーの充放電の測定回路．テスターは直流電圧測定モードにすること．

14.4 測定および計算

(1) 実験 I：放電

充電されたコンデンサーの放電の様子を調べる．実験手順は以下の通りである．

1. スイッチをA側にして3分ほど待ちコンデンサーを充電する．コンデンサーの両端の電圧（テスターの読み）が1V以上であることを確認する．もしも，0Vであれば，ス

イッチは B 側にある.

2. スイッチを切り替えた瞬間を時刻 $t=0$ として 100 s までは 5 s ごとに,以後は 10 s ごとに 250 s まで電圧を測定する.もしも,忙しすぎて 5 s ごとの測定ができない場合は,10 s ごとに測定する.

3. 通常のグラフ用紙に横軸を時刻,縦軸を電圧としてデータをプロットする.

4. 式 (4) で $t=\tau$ とすれば,$V(\tau)=V_0/e$ である.したがって,最初の値の $1/e$ になる時間から時定数 τ の大きさを見積もることができる.また,与えられた抵抗値とコンデンサーの電気容量から RC を計算し,見積もられた τ と比較せよ.

5. 片対数グラフにデータをプロットし,その傾きから時定数 τ を計算する.このとき最小二乗法は行わなくてよい.以下の計算を参照のこと.

$$\frac{V(t)}{V_u} = \frac{V_0}{V_u} \exp(-t/\tau)$$

$$\log_{10}(V(t)/V_u) = \log_{10}(V_0/V_u) - \log_{10}(\exp(\frac{t}{\tau}))$$

$$\log_{10}(V(t)/V_u) = \log_{10}(V_0/V_u) - \frac{t}{\tau \log_e 10}$$

ここで V_u は任意の電圧である.通常は $V_u = 1$ V とする[3].

(2) 実験 II:充電

コンデンサーの充電の様子を調べる.実験手順は以下の通りである.実験 I に関するデータ解析を行った後に実験すること.

1. コンデンサーの両端の電圧が 0 V であることを確認する.もしも,0 V でなければ,スイッチを B 側にして 3 分ほど待ち,コンデンサーを放電する.

2. スイッチを A 側に切り替えた瞬間を時刻 $t=0$ として 100 s までは 5 s ごとに,以後は 10 s ごとに 250 s まで電圧を測定する.もしも,忙しすぎて 5 s ごとの測定ができない場合は,10 s ごとに測定する.

3. 方眼のグラフ用紙に横軸を時刻,縦軸を電圧としてデータをプロットする.時定数 τ の大きさの推定を行うこと.

4. 片対数グラフにデータをプロットし,その傾きから時定数を計算する.ただし,得られたデータをそのままプロットしても,片対数グラフを使う意味がない.どのようなプロットを行えばよいか,考えること.式 (6) がヒントになる.

5. 得られたデータを対数プロットして充電時の時定数を求めよ.

---

[3] 対数関数,指数関数,三角関数の引数には次元があってはいけない.たとえば,$\exp(-t/\tau)$ の t/τ は無次元である.$V(t)/V_u$ も無次元である.

14.5 結果

放電時，充電時の RC 回路の時定数を求めよ．

14.6 課題

- 充電時と放電時の時定数は同じであるべきか，異なっているべきかを各テーブルごとに議論せよ．
- 式 (2) に現れる負号の意味を考えよ．
- 式 (5) を導出せよ．
- 片対数グラフで直線を引いて時定数を求めることができる．これは何故か？ また，誤差を考慮すると，その直線はどのように引くといいだろうか？
- 傾きを求めるとき，最小二乗法を用いなくてもよいと指示されている理由を考えよ．
- 充電時と放電時の時定数が異なっている場合，その理由を考察せよ．
- 式 (4) 中の V_0 と式 (6) 中の V_∞ が等しくなるのはどのような場合か，考えよ．

実験 15. 電気抵抗の温度変化

15.1 目的
金属の電気抵抗の温度変化を測定し，電気抵抗の温度係数を求める．

15.2 理論
物質には電流をよく通す導体，ある程度通す半導体，そしてほとんど通さない絶縁体がある．物質が導体か絶縁体かは，物質の中に電荷の担い手 (キャリア) が存在するかどうかで決まる．多数のキャリアが存在する場合は導体，ほとんど存在しない場合は絶縁体となる．

金属は結晶内にキャリアとなる多数の自由電子をもつ導体である．金属に電場をかけると自由電子は力を受けて流れる．しかし，結晶を構成する原子 (イオン) は振動していて，自由電子を散乱させ流れを妨げる．これが電気抵抗の主な原因である．原子の振動の大きさは 80 K より高温では温度に比例し，高いほど大きくなる．自由電子が散乱される確率は原子振動の大きさに比例し，原子振動が大きくなると高くなる．よって，この原因による電気抵抗は温度に比例する．電気抵抗のもうひとつの原因として，不純物や結晶の乱れ (格子欠陥) がある．これに由来する抵抗は温度変化せず，一定である．したがって，金属の電気抵抗 R [Ω] は絶対温度 T [K] に対し，80 K より高温では次のような直線関係で近似できる．

$$R(T) = AT + B \tag{1}$$

式 (1) を，温度 0 °C における抵抗値 R_0 [Ω] を基準にとり，摂氏温度 t [°C] を用いて次のように書き換えることができる．

$$R(t) = R_0(1 + \alpha t) \tag{2}$$

ここで，α は温度係数 (単位：°C^{-1}) である．式 (1), (2) を比較すると，

$$\alpha = A/R_0, \qquad R_0 = 273.15A + B \tag{3}$$

と対応付けられる．

15.3 実験
この実験では，室温から約 70 °C の温度範囲で電気抵抗の温度変化を測定し，そのグラフから温度係数 α を求める．

(1) 実験装置

抵抗試料 (銅線)，単4乾電池，ヒーター，ヒーター用直流電源，アルコール温度計，デジタルマルチテスター2個，リード線2本

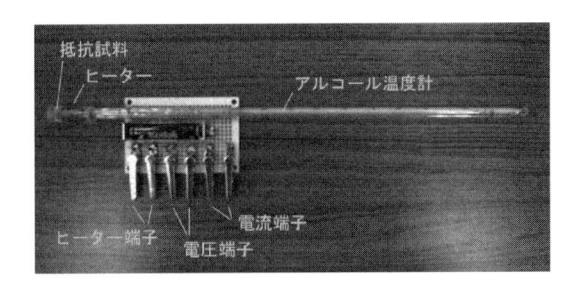

図1 抵抗測定器

この実験では，図1に示すように，抵抗試料，ヒーター，アルコール温度計がセットになった測定器を使う(以後，「抵抗測定器」と呼ぶことにする).

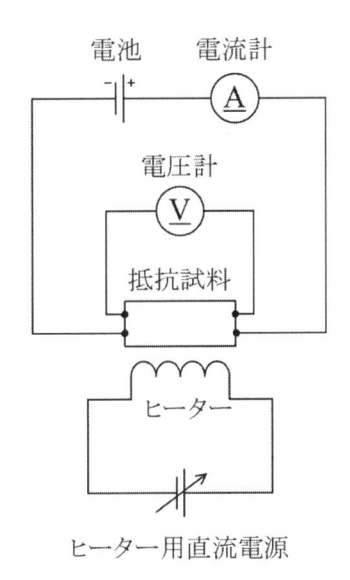

図2 結線図

図2に各部を結線した回路図を示す．なお抵抗試料の電気抵抗の測定は四端子法で行う．試料に4か所の端子を設け，電流を流す線と試料両端の電位差を測定する端子を分け，入力インピーダンス(内部抵抗)の極めて大きい電圧計でその電位差を測定する．これによって電圧計を流れる電流はほとんど無視でき，電位差を電流で割れば，試料のみの抵抗を，リード線の抵抗の影響を受けずに測定することができる．なお試料のまわりには別の導線が巻いてあり，これをヒーターとして，温度の調節はヒーターに流す電流で行う．

(2) 実験のセットアップと準備
1. 図1の抵抗測定器の写真と図2の結線図を参考にし，図3のように，抵抗測定器，乾電池，テスターをリード線でつなぎ，装置をセットアップする．ただし，ヒーター用電源はまだつながない．

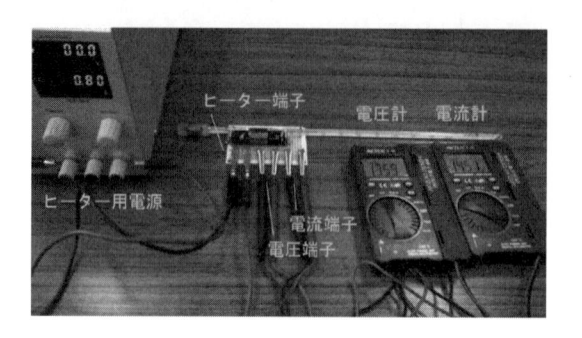

図3 実験装置のセットアップ

2. 抵抗測定器の電圧端子につないだテスターを電圧計 (V)，電流端子につないだテスターを電流計 (mA) のモードにする．電圧，電流の値を読み，オームの法則から試料の抵抗が $100\,\Omega$ 程度になっていることを確認する．
3. ヒーター用電源の設定
   (a) ヒーターに配線する前に，「OUTPUT」ボタン (赤いボタン) が OFF(押されていない状態) になっていることを確認し，電源スイッチを入れる．このとき「OUTPUT」の赤いランプが点けば，「OUTPUT」が ON になっているので，赤いボタンを押しOFF にする．
   (b) 「CURRENT」のダイヤルを回し，**電流の上限を 0.8 A にセット**する．「OUTPUT」がOFF のときに表示される値を，<u>上限値とする 0.8 A 以上にすると，ヒーターが高温になりすぎて非常に危険なので，0.8 A 以上には絶対にしないよう注意せよ</u>！
   (c) 電圧の表示が 0 V になっていなければ，「VOLTAGE」のダイヤルを反時計方向に回して 0 V にする．
   (d) ヒーター用電源の出力端子と抵抗測定器のヒーター端子間を配線する．

(3) 測定
1. まず，室温での抵抗を測定する．温度，電圧値，電流値を記録する．
2. 次に，ヒーター用電源の「OUTPUT」ボタンを ON にする．このとき，ヒーター電圧はまだ 0 V にセットしてあるのでヒーター電流は 0 A である．
3. 「VOLTAGE」のダイヤルを時計方向に回し，ヒーター電流が 0.2 A になるように調節する．ヒーターに電流が流れ，温度上昇が始まる．

4. 温度上昇がある程度緩和するのを待ち，温度，電圧値，電流値を測定する．温度の緩和には，2分以上待つ必要がある．

5. 次に，ヒーター用電源の電流を 0.3 A にセットし，上記の要領で温度緩和を待ち，温度，電圧値，電流値を測定する．

6. 測定は 10 点以上行う．ヒーター電流の目安として，0 (室温)，0.2, 0.3, 0.4, 0.5, 0.55, 0.6, 0.65, 0.7, 0.75, 0.8 A の 11 点を挙げておく．<u>ヒーター用電源を電流 0.8 A 流したまま放置すると 90 °C を超える恐れがあるので，測定が終了したら直ぐにヒーター電源を切れ．</u>

15.4 測定結果の整理と考察

1. 測定結果から抵抗値を計算し，表1のようにまとめる．

表1 試料の温度，電圧，電流，抵抗

温度 t [°C]	電圧 [V]	電流 [mA]	抵抗 R [Ω]
15.8	1.413	13.97	101.2
19.0	1.406	13.75	102.3
21.4	1.401	13.60	103.0
23.7	1.393	13.43	103.7
…	…	…	…
68.1	1.356	11.54	117.5

2. 図4のように横軸に温度 t [°C]，縦軸に抵抗 R [Ω] をとり，測定データを方眼紙にプロットする．縦軸の原点は 0 Ω とせず，最低温度，最高温度での抵抗値の範囲を考慮して，縦軸の目盛の範囲や間隔を決める．ただし，y 切片が読み取れるようにする．

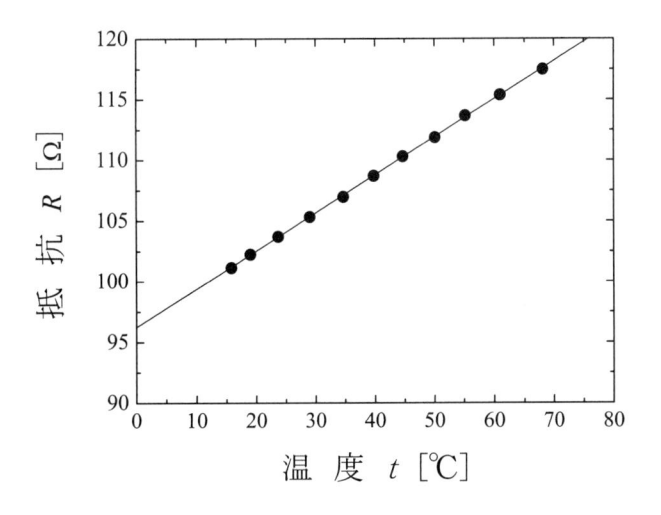

図4 電気抵抗の温度変化

3. グラフの測定点を表す直線の傾き [Ω/°C] と y 切片 [Ω] を，最小二乗法を用いて求める．
4. この直線は式 (2) に対応しており，直線の傾きは $R_0\alpha$ であり，y 切片は R_0 であることがわかる．したがって，電気抵抗の温度係数 α [°C^{-1}] は次の式で求めることができる．
$$\alpha = \frac{\text{傾き [Ω/°C]}}{y\text{ 切片 [Ω]}} \tag{4}$$
5. 抵抗試料の材質は「銅」である．銅の温度係数 α の文献値は，4.39×10^{-3} °C^{-1} である．実験で得られた温度係数と文献値を比較し，考察せよ．
6. また，最小二乗法による傾きの誤差と y 切片の誤差から間接誤差を考慮し，温度係数 α の誤差を計算してみよ．

実験 16. 等電位線の測定

導電性薄膜の電位分布を測定することを通じて，電位と電場の概念や電気抵抗について学ぶ．テーマを 2 つに分け，前半では，リボン状導電性薄膜の電気抵抗を求める．後半では，長方形薄膜を使用し，等電位線の平面分布から，電場すなわち電流の様子を推定する．

実験 16-1. 等電位線の測定 I

16.1 目的

導電性薄膜リボンに電流を流したときの等電位線 (電位差) を測定し，電場の大きさならびに導電性薄膜の面抵抗を求める．

16.2 理論

(1) オームの法則

導体内には自由に動くことのできる電荷が存在するので，もしも電場 (電界) が一定に保たれるならば電荷の移動が継続する．すなわち "電流" が生じる．特に時間的に変化しない電流を "定常電流" という．

電流の強さは単位時間内に導体内のある断面を通過する電荷の総量によって表される．その単位はアンペアと呼ばれ A と略記する．電荷の単位であるクーロン (C) は，1 A の電流が流れているときに毎秒通過する電荷の量として定義される．針金の両端に一定の電圧 V [V] を与えると定常電流 I [A] が得られる．定常電流は電圧に比例し (オームの法則)，その比例定数を "抵抗" と呼び，R の記号を通常用いる．すなわち，

$$V = RI \tag{1}$$

となる．抵抗の単位は [V/A] であるが，これを [Ω] で表し，オームと呼ぶ．

(2) 導電性薄膜の面抵抗

電気抵抗の値 R はその材質によって異なるが，同じ物質でも，その長さや断面積に依存する．長さ L [m]，断面積 S [m^2] をもつ一様な物質に対して，ある温度における電気抵抗 R [Ω] は

$$R = \rho \frac{L}{S} \tag{2}$$

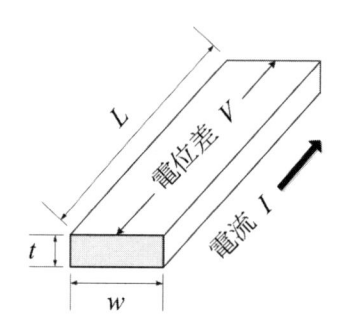

図1 抵抗測定原理図

で表される．ρ は「抵抗率」(または比抵抗) と呼ばれ，物質に固有な量であり，その単位は $\Omega \cdot \mathrm{m}$ である．また ρ の大きさは温度によって変化する．式 (2) よりわかるように，長さ L [m]，断面積 S [m²] が既知の試料に対して電気抵抗 R [Ω] を測定すれば，抵抗率 ρ [$\Omega \cdot \mathrm{m}$] が求められる．今回の測定対象は，金属薄膜リボンの電気抵抗である．

今，図1に示すような，長さ L [m]，幅 w [m]，厚さ t [m] のリボン状導電性薄膜を考えてみよう．その断面積 S [m²] は，薄膜リボンの幅 w [m] と厚さ t [m] で決まり，

$$S = t \cdot w \tag{3}$$

であるが，厚さ t [m] は簡単には測定できないほど薄い．したがって今回の実験においては，厚さ t [m] は未知の量とし，抵抗率ではなく，以下のように定義される「面抵抗」を最終的に評価する．まず式 (1)〜(3) より，

$$V = \rho \frac{L}{t \cdot w} I \tag{4}$$

であり，さらに両辺を L で除して以下のように変形する．

$$\frac{V}{L} = \frac{\rho}{t} \frac{I}{w} \tag{5}$$

ここで，電場の強さ $E = V/L$ [V/m] と単位幅あたりの電流 $i = I/w$ [A/m] を導入すると，

$$E = \frac{\rho}{t} i \equiv \rho_\mathrm{S} \cdot i \tag{6}$$

となる．$\rho_\mathrm{S} \equiv \rho/t$ で定義される ρ_S は「面抵抗」と呼ばれ，その単位は [Ω] である．面抵抗 ρ_S は式 (3)〜(6) からわかるように，$w = L$ の場合の，すなわち正方形の薄膜の示す電気抵抗に相当する．なお，「面抵抗」は，正確には「表面抵抗率」というべきであり，また分野によって，シート抵抗や表面抵抗とも呼ばれる．これらの単位は，[$\Omega/\square$]（オーム バー スクエアと読む）と書かれることもある．また，抵抗率 ρ は，「体積抵抗率」と呼ばれることもある．

16.3 実験装置

(1) 測定装置

電池ホルダー，電極 (ネオジム磁石の利用)，鉄板などがファイルケースにセットされた実験キット一式，デジタルマルチテスター 2 個，単 3 乾電池 2 個，定規 (スケール)，リボン状導電性薄膜．

(2) 測定対象

測定対象はリボン状の導電性薄膜 (以下リボン) である．これは電解コンデンサーの材料として使われるもので，厚さ約 12 μm のポリプロピレンフィルムにアルミニウム (Al) を一様に蒸着したものである．今回用いる試料では，取り扱いを容易にするために，裏面に紙を貼り付けてある．

> **注意：**今回使用する薄膜はかなり薄く壊れやすいので，リボンを曲げたり，傷つけたりしないように！ 表面もできるだけ汚さないように注意する．

16.4 実験

(1) リボンの幅 w の測定

リボンの長さ方向に位置を変えて 5 か所以上，リボンの幅 w を定規で，mm 単位で小数第 1 位まで測定し，平均値を算出する．（**注意：**リボンを傷つけないように！）

(2) 実験装置のセットアップ

まず，次の予備測定を行う．

- 電源 (電池) の電圧：テスターのつまみを，直流 (DC) 電圧測定モード： $\boxed{\sim \text{V}}$ マークの位置にセットする．
- 電池の電圧が，1.4 V 以下なら，交換せよ．

以上の予備測定が終了したら，図 2 と 3 を参考にして，装置をセットアップする．

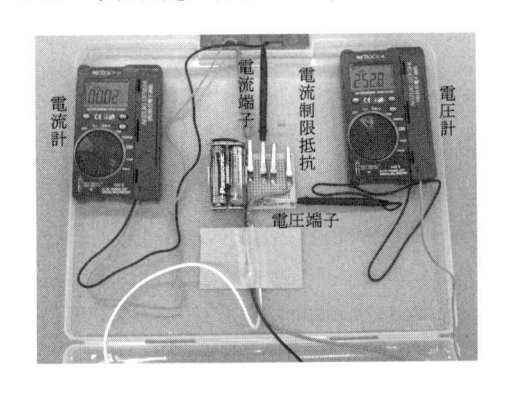

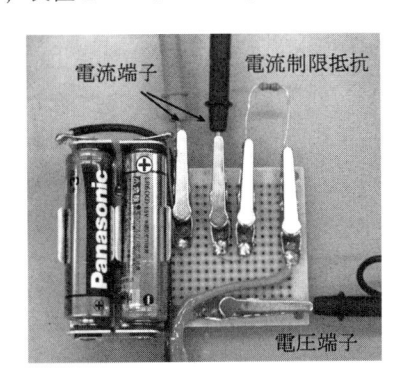

図 2 装置のセットアップ   図 3 装置のセットアップ (詳細)

使用する測定装置を回路図で表わすと，図4のようになる．セットアップした状態が，回路図のように結線されていることを，確かめよ．また各電極を置いたとき，リボンにねじれやたるみがないか確認せよ．電流計は mA，電圧計は V のレンジにし，表示の上部に「DC」(直流モード) と表示されていることを確認せよ．

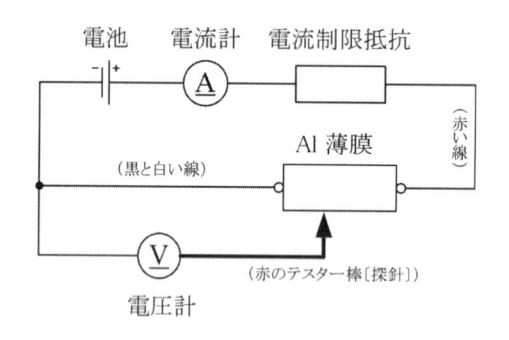

図4 使用する装置の回路図

さらに以下の手順に従って，リボンに電流を流したときの等電位線の位置を測定する．
注意：電池の極性や，テスターの電流計と電圧計のモードを間違えないように！

(3) **リボンに流れる電流 I の測定：**

回路に流れる電流が安定しているかどうか注意し，安定していない場合は，各部の接触不良の可能性があるので点検すること．以下に示す等電位点の測定開始直前，測定中に3回以上，測定がすべて終了した直後，と5回以上測定し，平均値を算出する．

(4) **等電位点の探索**

(1) 電圧計の読みが 10.0 mV になる点を，赤色のテスター棒 (探針) をリボンに軽く接触させながら探す．見つかればテスター棒の先端で少し強く押すと，リボンがへこみマークすることができる (図5参照)．ただし強く押しすぎて大きな穴を開けないよう注意すること．10.0 mV となる点を10点探してマークせよ．

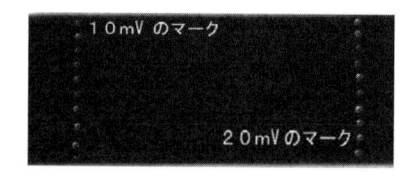

図5 マークされたリボンの拡大図

(2) 同様に 20.0 mV，30.0 mV，…，50.0 mV，… のマークをリボンにつける．リボンの長さが許す限り測定を行う．

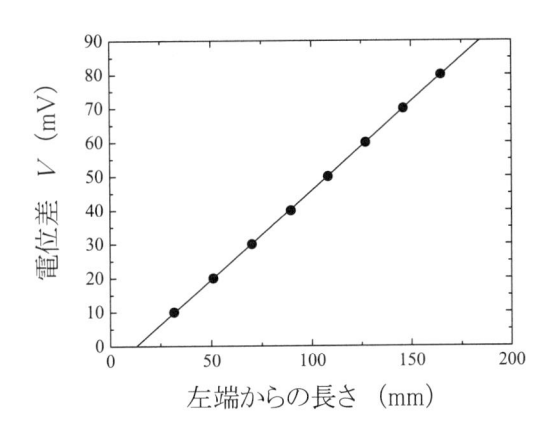

図6 導電性薄膜リボンの位置と電位の関係

注意： リボンの両端に接続した電極 (ネオジム磁石利用) の位置が，測定中に変わらないように注意して測定を行うこと．

注意： 測定中にデジタルマルチテスターの表示が消えたときは，左上部の **SEL** ボタンを一度だけ押すと表示が復帰する．

16.5 測定結果の整理と解析

測定が終了したら，リボンの一端 (たとえば左端) から 10 mV, 20mV, $\cdots$, 50 mV, $\cdots$ の各マークまでの長さ (距離) を測定して (それぞれ 10 点ずつある)，平均値を求める．横軸に長さ，縦軸に電圧をとってグラフを作成する．

(i) 電場の大きさ：測定点に対して直線的な関係が得られたら，最小二乗法で適合直線を引き，その傾きを求める．

(ii) 面抵抗の評価：(6) 式と単位幅あたりの電流 $i = I/w$ [A/m] とから，
$$\rho_{\mathrm{S}} = \frac{E}{i} = \frac{E}{I} w \tag{7}$$
であり，これに測定して得た数値を代入して評価する．

(iii) 蒸着されているアルミニウム薄膜の厚さの推定：(6) 式の ρ_{S} の定義から，
$$t = \frac{\rho}{\rho_{\mathrm{S}}} \tag{8}$$
Al に対する抵抗率 ρ のデータ ($\rho = 2.65 \times 10^{-8}$ $\Omega \cdot$m (20 °C)) を使用して推定する．

16.6 課題

より詳しいデータ解析・考察の例を以下に挙げる．
- 平均値を求めた諸測定値に対し，それぞれ平均誤差を算出する．
- 最小二乗法における直線回帰において，傾きと切片に対する誤差計算を行う．

- 面抵抗の誤差 (間接誤差) は，どのように評価できるであろうか．
- 電圧の等しい点を結ぶと等電位線が描け，それらがリボンの縁と直交するはずである．その理由について考えよ (これは，等電位線の測定 II と関連性がある)．

実験 16-2. 等電位線の測定 II

16.1 目的

薄く広い板状導体の 2 点間に電位差を与えて定常電流を流したときの等電位線の分布を測定し，2 次元的な電流の流線 (電流線) を推定する．

16.2 理論

(1) 等電位面

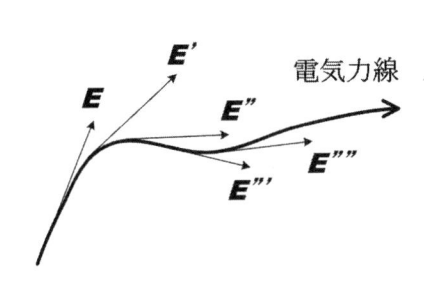

図 7　電場と電気力線

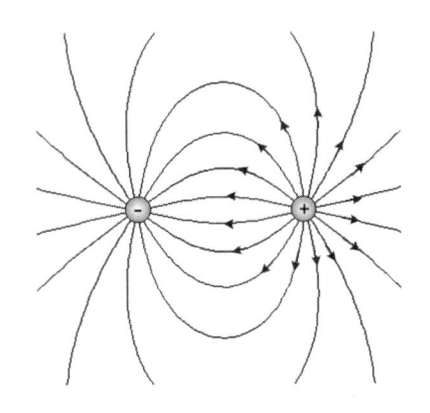

図 8　正負一対の点電荷の周辺の電気力線

　ある空間に電場 $\boldsymbol{E}$ [V/m] があり，その空間の各点に，その点での電場を表す矢印 (ベクトル) を描き，それらが接線となるような曲線を引いたとき，この曲線が電気力線である (図 7 参照)．電気力線は正電荷のところから始まり，負電荷のところで終わる．異なる 2 つの電気力線は決して交わることはないし，枝分かれすることもない．さらに空間の途中で途切れたり，新たに発生したりすることもない．また電気力線の密度は，電場の強さに比例している．図 8 に正と負の一対の点電荷に対する電気力線の様子を示す．このように，電気力線を使うと電場の様子が図示でき，電気力線の向きから電場の向きがわかり，その密度から電場の大小を比較することができる．

　電場内の任意の点に置いた単位電荷のもつ位置エネルギーを電位，または静電ポテンシャルと呼ぶ．一般に電位 V [V] と電場 $\boldsymbol{E}$ [V/m] との関係は，

$$\boldsymbol{E} = -\operatorname{grad} V \tag{9}$$

と表される．式 (9) を x, y, z 座標で表せば，

$$E_x = -\frac{\partial V}{\partial x},\ E_y = -\frac{\partial V}{\partial y},\ E_z = -\frac{\partial V}{\partial z} \tag{10}$$

である．

正の点電荷 q [C] のまわりの電場を考えたとき，電場の方向はその点での電位勾配の最大の方向を向き，点電荷からの距離 r [m] の点での電場の強さは，ε_0 を真空の誘電率とすると，

$$E(r) = \frac{q}{4\pi\varepsilon_0 r^2} \tag{11}$$

であり，r が増加するに従って小さくなる．1 個の正の点電荷の場合，電気力線は放射状に等方的に出射している．電位の基準点として無限遠方をゼロにとると，電荷 q から距離 r における電位 V は次式で与えられる．

$$V(r) = \frac{q}{4\pi\varepsilon_0 r} \tag{12}$$

電場内で電位の等しい点を連ねてできる面を**等電位面**と呼び，等電位面上の任意の曲線を**等電位線**という．図 9 に 1 個の点電荷のまわりの，電気力線と等電位線の様子を示す．等電位面上のすべての点は電位が等しいので，等電位面上を電荷が移動するとき，電気力は仕事をしないので等電位面の方向の成分をもたず，「電場と等電位面は直交する」(電気力線と等電位面は直交する)．また電場の方向は，電位の高い方から低い方に向かう．

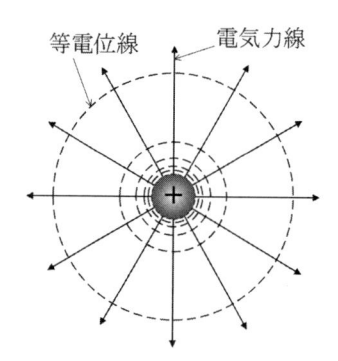

図 9　点電荷の周辺の電気力線と等電位線

（2）　定常電流の場

前回 (等電位線の測定 I) 述べたように，長さ L [m]，断面積 S [m^2] をもつ一様な導体に対して，ある温度における電気抵抗 R [Ω] は，この抵抗体に流した電流 I [A] とその両端の電位差 V [V] に対し，オームの法則，すなわち，

$$V = RI \tag{1}$$

が成り立ち，その物質の抵抗は，抵抗率 (または比抵抗) ρ [Ω·m] を使うと，

$$R = \rho \frac{L}{S} \tag{2}$$

で表される．これらから，両辺を L で除すると，式 (5) と類似の式，

$$\frac{V}{L} = \rho \frac{I}{S} \tag{5}'$$

を得る．ここで，左辺は電場の強さ $E = V/L$ [V/m] であった．右辺の I/S は，導体の単位断面積あたりの電流密度 j [A/m^2] である．したがって，これを広い導体に一般化すると，位置ベクトル r の場所で，

$$E(r) = \rho j(r), \quad j(r) = \frac{1}{\rho} E(r) = \sigma E(r) \tag{13}$$

と表される．ここで，σ は電気伝導率と呼ばれ，抵抗率 ρ の逆数の関係がある．式 (9) から，

$$j(r) = \sigma E(r) = -\sigma \operatorname{grad} V(r) \tag{14}$$

でもある．

広い一様な導体板や電解液の層などに，図10のようにA，Bの2点に外部から導線で電位差を与えると，電位の高い方から低い方へ定常電流が流れる．導体板上の任意の点における電流の方向は，その点における"電位の傾き"の最大方向であり，その接線をつないで得られる曲線を電流の流線 (図10中の破線) と呼ぶ．また，導体中の電位の相等しい点をつなぐと等電位線 (図10中の実線) が得られ，その等電位線に沿って電流は流れない．また2点間の電位差は，導体の電気抵抗が一様であれば，それを流れる電流の強さに比例するはずである．図10において，隣り合う等電位線との電位差が等しければ，電流はこれらの等電位線に直交する方向に流れ，等電位線が密集している場所では，電位勾配が大きく電流密度も大きいことがわかる．

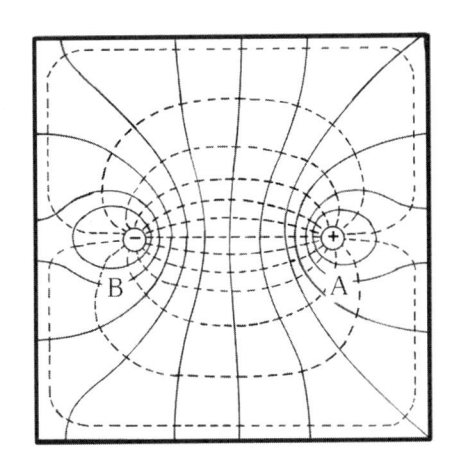

図 10 導体板の等電位線と電流線

16.3 実験装置

(1) 測定装置

電池ホルダー，電極 (ネオジム磁石の利用)，鉄板などがファイルケースにセットされた実験キット一式，デジタルマルチテスター2個，単3乾電池2個．以上は，前回と同じである．他

に，長方形導電紙(または導電袋) 1 枚，ネオマグ 4 個，ホワイトマーカー(または修正ペン)，トレース用紙．

（2） 測定対象

測定対象は黒色の導電紙(または導電袋)である．大きさは，おおむね A5 サイズの長方形である (~ 21 cm $\times 15$ cm)．抵抗値は前回の Al 蒸着導電性薄膜に比べかなり大きい．なお前回と同じ材質の導電性薄膜を用いることも可能である．

（3） 測定装置のセットアップ

ほぼ前回と同様に装置をセットアップ(図 11 参照)するが，図 12 のように，まず長方形導電紙(または導電袋)を，基板中央に置き，四隅を"ネオマグ"で止めよう．このとき導電紙にねじれやたるみがないか確認せよ．導電紙のほぼ中央の高さの位置で，左右それぞれの端から 5 cm 位内部の所に，電池の両端の各電極(赤線と黒線)を置く．さらに電圧計の一方の端子の役割を果たす白線の先の電極を，導電紙の上部の中央の位置に置く．

電流計は mA，電圧計は V のレンジにし，表示の上部に「DC」(直流モード)と表示されていることを確認せよ．

注意：電池の極性や，テスターの電流計と電圧計のモードを間違えないように！

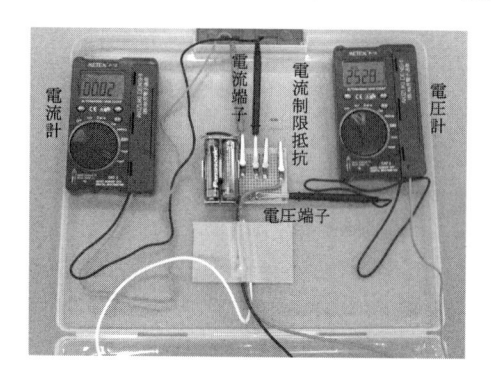

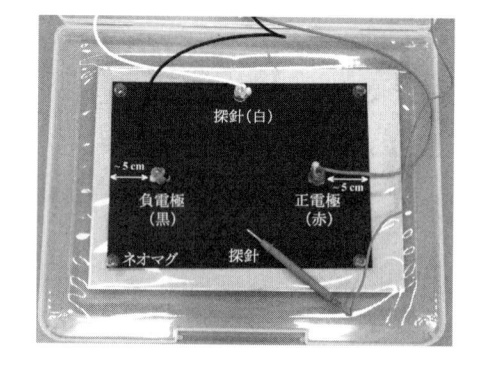

図 11 装置のセットアップ　　　　図 12 導電紙と電極のセットアップ

16.4 実験

（1） 導電紙に流れる電流の監視

回路に流れる電流が安定しているかどうか注意し，安定していない場合は，各部の接触不良の可能性があるので点検すること．以下に示す等電位点の測定中，大きな変化がないかどうかときどき確認する．

(2)　等電位点の探索1

電圧計の読みが ~ 0.0 V になる点を，テスター棒を導電紙に軽く接触させながら探す．見つかればテスター棒の先端で少し強く押すと，導電紙がへこみマークすることができる．ただし強く押しすぎて穴を開けないよう注意すること．~ 0.0 V になる点を約 1 cm 間隔で探してマークしていく．導電紙の境界まで探索すること．

注意：測定中にデジタルマルチテスターの表示が消えたときは，
　　　左上部の $\boxed{\text{SEL}}$ ボタンを一度だけ押すと表示が復帰する．

(3)　等電位点の探索2

同様に $+0.20$ V，$+0.40$ V，$+0.60$ V，$+0.80$ V，$\cdots$ のマークを導電紙につける．図 10 を参考に，導電紙の領域が許す限り測定を行う．さらに導電紙中央より反対側に，-0.20 V，-0.40 V，-0.60 V，-0.80 V，$\cdots$ のマークを導電紙につける．

注意：導電紙に接続した電極の各位置が，測定中に変わらないように
　　　十分に注意して測定を行うこと．

16.5　測定結果の整理と解析

測定が終了したら，まず各電極の外周を鉛筆でなぞり，これらの位置を記録しておこう．電池を抜き，テスターのスイッチをオフする．

(i) 電極を外して，ホワイトマーカー (修正ペン) で，導電紙にマークされたくぼみに白い点を付けていこう．鉛筆でなぞった電極もマーカーで白く円を描き，ついでに正負の記号も書き添えよう．

(ii) ホワイトマーカー (修正ペン) のインクが十分乾いたら，トレース用紙を測定し終わった導電紙の上にのせ，導電紙の外周，各電極の位置，等電位点を鉛筆でトレースしよう．このとき，測定点をなめらかにつなぎ，実線として等電位線を写しとる．

(iii) 正電極を置いた位置から，四方八方に出射する電流線が，どのような径路をどのように通って負電極に到達するかを考え，予測される電流線をトレース用紙に 10 本位書き加えよ．等電位線と区別するために，破線 ($-----$) で描こう．理論の節で述べたように，電流線は等電位線と常に直交するように描く．

16.6　課題

より進んだ測定や考察の例を以下に挙げる．

- 導電紙の境界付近で，等電位線はどのように出入りしているか観察せよ．
- 電流密度の大きいところでは，等電位線の間隔はどうなっているか．
- 時間に余裕があれば，導電紙の中央部に任意の図形を切り取って，穴を開けて測定する

とどうなるか，試みよ．

実験17. オシロスコープ

17.1 目 的
オシロスコープの使い方を習得し，電気信号の観察方法を学ぶ．スクリーンにリサージュ図形を描き観察する．

17.2 理 論：オシロスコープの原理
オシロスコープはブラウン管を用いて，電気信号を目に見える形で観測・測定するように工夫された装置である．ブラウン管はテレビやパソコンの画像表示にも使われていた．図1にブラウン管の構造を概念的に示す．ブラウン管はガラス容器に電極等を収めて密閉し，真空に排気された大きな1本の真空管である．その内部には，①ヒーターで熱した陰極の金属の表面から電子を飛び出させ，直進させる電子銃，②電子銃の電子が進む方向を制御する偏向装置，③電子が当たった部分が光るように，蛍光物質を塗ったスクリーンなどが入っている．電子線が当たった点は輝点となって目に見える．偏向装置は水平方向および垂直方向にそれぞれ独立になっていて，それぞれに外部から電圧 V_x, V_y を与えると，V_x, V_y に比例してスクリーン上の輝点が移動する．これによって，電気信号が目に見える形で表示される．このようなブラウン管を用いて，微弱な信号でも電子銃を偏向させることができるようにするための増幅回路や，後に述べるスウィープ機能などのための電子回路を備えたものがオシロスコープである．

(1) オシロスコープの基本的な機能
電気信号を測定する計器として，古くから電流計や電圧計がある．これらは針の振れを目盛板によって読み取るもので指針型計器と呼ばれる．また，1970年代ごろから値を数字表示器で表示するデジタル計器が普及して，今日，電圧や電流の測定精度と使い勝手は非常に向上し

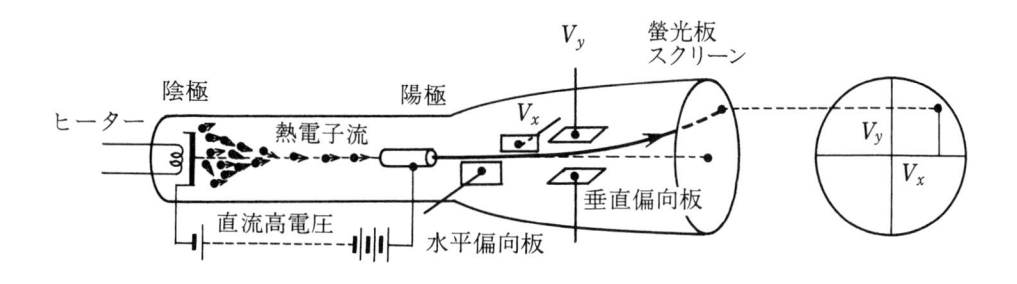

図1 ブラウン管の構造概念図

ている．オシロスコープは電圧を表示する装置であるが，その特徴は変化をグラフとして表示する点にある．電圧の時間的な変化や，ある1つの信号電圧に対する別の信号電圧の関係を視覚的に観測できることはきわめて有力な手段である．オシロスコープは研究や工場の生産現場でも使われている．指針型(アナログ)計器に対してデジタル計器が登場したように，アナログ計測器である従来型のオシロスコープに対して，1980年代末ごろからデジタルオシロスコープが普及してきている．その優れている点は，信号をメモリーに取り込み，後で再生，保存，解析が容易にできることである．このような処理はコンピュータの得意とするところである．パソコンの普及とともに，パソコンに接続できるオシロスコープや，逆にコンピュータ機能を内蔵するオシロスコープなども作られ，変貌しつつある．この実験で用いるオシロスコープは従来型の(アナログ)オシロスコープである．

オシロスコープの基本的な機能(使い方)には次の2通りがある．

（a）　**Y-t モード (波形の観測)**

観測する信号電圧 V_y を Y 軸に入れ，X 軸は内蔵の発振器(鋸歯状波発生回路)でスウィープ動作をさせ，図4や図5のように波形を観測する．スウィープすることにより，X 軸は時間を表すことになり，電圧(Y 軸のふれ)の時間変化である「波形」，つまり $V_y = Y(t)$ を見ることができる．

＜ Y 軸の入力 MODE の切替＞

波形を観測，測定する信号電圧は Y 軸入力端子に入れる．たいていのオシロスコープは「2現象オシロスコープ」と呼ぶもので，Y 軸は CH.1 と CH.2 の2つの入力端子をもち，次のように MODE を切り替えてこれらのどちらか，あるいは2つを同時に重ねて表示することが可能である．

＜ MODE ＞

CH.1　　CH.1 に入力された信号だけを表示．
CH.2　　CH.2 に入力された信号だけを表示．
ALT　　CH.1 と CH.2 を同時に表示 (CH.1 と CH.2 を交互に SWEEP)．
CHOP　CH.1 と CH.2 を同時に表示 (1回の SWEEP の間に CH.1 と CH.2 を切り替えて表示する)．
ADD　　CH.1 と CH.2 を加算して表示．
X-Y　　X-Y 表示モード．機種によっては，SWEEP TIME つまみで切り替え．

＜ X 軸のスウィープ機能とトリガ機能＞

これはたいへん重要な機能で，後に詳述する．

（b）　**X-Y 表示モード**

オシロスコープのスクリーンの画像は輝点の移動によって作られるが，輝点は，縦，横それぞれ独立の偏向装置によって移動する．輝点は，外部から Y 軸端子に入力された電圧 V_y によって Y 軸方向に振れ，X 軸端子に入力された電圧 V_x によって X 軸方向に振れるように

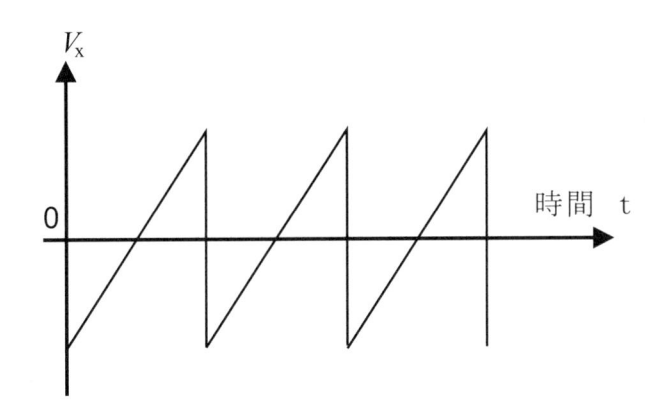

図 2 内蔵発振器 (鋸歯状波発生回路) の電圧波形．X 軸にこの電圧を与えると，輝点は左から右へスウィープされる．

なっている．(a) の場合には X 軸は自動的に内蔵の発振器 (鋸歯状波発生回路) がつながれ，スウィープされたが，X-Y 表示モードではスウィープを行わず，X 軸にも外部から信号電圧を入れて，それによって輝点を動かす．したがって，$V_x = f(t)$, $V_y = g(t)$ が表示される．2 つの信号電圧 V_x, V_y の関係を測定する場合にこのモードを用いる．紙の上にペンで記録する「X-Y レコーダ」と同じ働きである (X 軸，Y 軸はそれぞれ水平軸，垂直軸とも呼ばれる)．

5 節でリサージュ図形を見る場合には，この X-Y 表示モードにする．

17.3 実験

1. 理解と実習

   「波形の観測」の説明に従って，発振器の波形をオシロスコープのスクリーン上で観測し，電圧，周期，周波数の測定方法を習得する．特に，Y-t モードにおけるスウィープ機能，トリガ機能，そして X-Y モードの違いをよく理解する．

2. 未知信号の測定

   「4. 波形の観測」を終了後，Y 軸入力端子のケーブル (コード) から発振器をはずす．他端に何も接続せず，赤黒のケーブル端子を広く開いてぶらぶらしている状態のケーブルを Y 軸入力端子につなぐと，オシロスコープにはケーブルが周辺から拾う電気信号が入力される．赤色のケーブル端子に手を近づけると，それだけで，拾う電圧が変化する．人体もこのような電圧を拾っているのである．ケーブルの位置が動くと信号も変わるので，どこかに挟むか，本で押さえるなどして動かないようにしておく．この拾いの信号の電圧の値は，そのときどきのケーブルの状況で異なり，またいろいろなノイズ (雑音) が乗っているが，**ある周波数をもつ信号が主になっている．この未知の信号を測定する．**オシロスコープの Y 軸の感度，スウィープの時間を調節し，この信号の波形をスクリーンの中央に大きく，静止させ，電圧，周波数を測定する．また，その波形をグラ

フ用紙に実寸でスケッチせよ．図中に X 軸，Y 軸の設定値などを記入しておく．この信号は何で，どこからくるのか．

3. リサージュ図形の観測・作図

図 6，7 および $f_x : f_y$ のその他の値について実際にスクリーンでリサージュ図形を観測する．最後に $f_x : f_y = 3 : 2, \beta - \alpha = 0$ の場合について，グラフ用紙に実寸でスケッチし，同じものを**作図法** (図 8 参照) に従って紙と鉛筆で作図せよ．これらの図はレポートに添付する．なお，このテキストには理解を助けるために書かれている説明も多いので，レポートに丸写しする必要はない．参考にして，自分なりに要点を簡潔にまとめよ．

17.4　波形の観測

「波形」とは，時間的に変化する電気信号を**横軸を時間**として描いた図形をいう．詳しい説明は後回しにし，とりあえず発振器の出力信号をオシロスコープに入れ，波形を観測してみよう．

オシロスコープを使い馴れていない場合，「スクリーンに何も見えず，いろいろつまみを触ってみるが，結局，何をどうやってもだめ」ということを，たいていの人が経験する．そのような状況に陥ったら，もう一度以下の手順を始めからやり直すとよい．

1. オシロスコープと発振器を用意し，どちらも電源スイッチ "POWER" を入れる．
2. 発振器の出力端子をオシロスコープの INPUT と表示されている Y 軸入力端子 (CH. 1) に接続する．このとき発振器の出力端子および接続コードのプラグには hot 側 (赤) と cold 側 (黒) の区別があるので，色を合わせて接続する (図 3) [1]．

信号	配線コード等の色と極性の対応
直流	赤 = +，黒 = −
交流	赤 = hot，黒 = cold
その他	黄 = 入力部，白 = 出力部
	赤系統色 = + や hot に近い側，暗い色 = − や cold に近い側

3. 発振器の設定 (数 V_{pp} の正弦波を出力する．V_{pp} は山から谷までの電圧)

---

[1] 発振器やオシロスコープのパネル (前面) にある端子には，指を触れて感電するようなものは一切ないので，接続などの作業のとき，いちいち電源スイッチを切る必要はない．むしろ，電子計測機器は内部の温度が落ち着いて，動作が安定するのに最低 10 分程度は必要なので ON, OFF を繰り返すことは避けるほうがよい．電源スイッチは実験が完全に終了するまで切らないでおく．

　直流の場合には赤は +，黒は − を意味するが，交流では ± の極性が変化するのでこれを定めることができない．電気信号を伝えるには 2 本の信号線が必要であるが，その 1 本は回路全体で共通につながっているのが普通である．この共通ラインをグランド側 ("GND" と表示される) と呼び，黒や青の色が当てられる．直流回路ではたいていはマイナス極を GND にするので黒 = GND = マイナス側とするが，交流回路では黒 = GND 側はマイナス極というわけではないので cold 側と呼び，もう一方の側を hot 側と呼んで，赤色が使われる．別々の装置や回路，あるいはマイクロフォンやその他のセンサーなどを接続する場合，この hot 側と cold 側をつねに意識して区別する必要がある．これを逆に接続すると， AC 100V の電源ラインの雑音などの不要な電圧，電流が信号に混入して，正常な動作が行われない．なお，コードの色はそれほど厳密に守られているものではないが，赤やオレンジ色はプラスあるいは hot 側に用い，黒，青，茶色などはマイナスや cold 側，また黄色や白は入出力などの信号系統の敏感な部分に用いるのが，およその常識である．

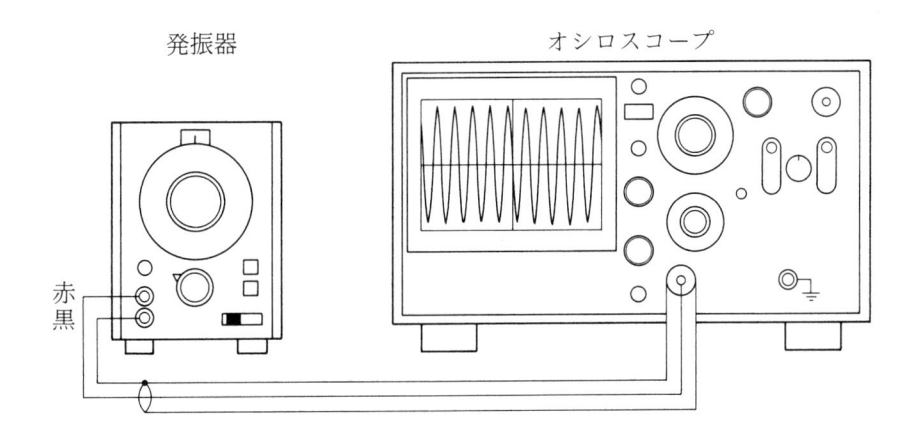

図3 オシロスコープと発振器の接続.

波形	正弦波 (正弦波と矩形波の切替スイッチ [〜(波形)])	
周波数	1 kHz (1×1 kHz または 10×100 Hz)	
出力	ほぼ 1/3 程度 (つまみのしるしが中央より少し左の位置)	
減衰器	0 dB (ATTEN. または ATTENUATOR と表示がある)	

4. オシロスコープの設定 (発振器からの入力波形をスクリーンに出す)

Y軸 MODE	CH.1 (2現象オシロスコープの場合のみ)
CH.1 入力感度	0.5 VOLTS/DIV
CH.1 結合	AC-GND-DC の切替 → AC
SWEEP TIME	1 ms/DIV (TIME/DIV と表示がある)
TRIG. MODE	AUTO (トリガのモード)
TRIG. SOURCE	CH.1 または INT (トリガの源)
TRIG. COUPL.	NORM または AC (トリガの結合)
TRIG. LEVEL	中央位置 (トリガ電圧の設定)
Y POSITION	中央位置 (矢印マーク ↕ がある)
X POSITION	中央位置 (矢印マーク ⇔ がある)
INTENSITY	中央位置 (輝線の明るさ)

5. ここまでで,オシロスコープのスクリーンには,発振器から入力されている正弦波の波形が現れたはずである.もし,見えなければもう1度,(1) に戻って設定を確認せよ.

> **スクリーンに輝点も，輝線も現れないとき**
>
> 原因は次のいずれかである．以下のつまみの調節で，ほとんど間違いなく像が見える．
>
> 輝度が不足している　　　　・・・　INTENSITY を上げる．
> 像の位置がずれている　　　・・・　POSITION を動かす．
> Y軸の感度の上がりすぎ　　・・・　VOLTS/DIV を下げる．
> トリガがかかっていない　　・・・　TRIGER MODE を AUTO にする．

6. 波形が見えたら，さらに次の調節を行って，図4のように静止した波形がスクリーンの中央に大きく，シャープな線ではっきり見えるようにする．

　　発振器の出力　　　波形の高さがほぼスクリーンいっぱいになるように調節する．
　　POSITION　　　　波形がスクリーンの中央にくるように上下の位置を再調節する．上下左右の位置は，自由に平行移動することができる．
　　FOCUS　　　　　輝線の焦点を合わせ，線がシャープに見えるようにする．
　　INTENSITY　　　輝度が適当な明るさになるように調節する (ただし，像が「点」になっている場合は，輝度を下げる)．
　　TRIG. LEVEL　　波形が流れていたら，このつまみで静止するように調節する．

(1)　周波数の測定

図4(a)のスクリーンに出ている波形は，それぞれ独立なY軸方向の振動と，X軸の左から右へ一定の速さで走る「スウィープ」動作によって作られている．Y軸方向には発振器から入力されている電圧の周波数 $f = 1$ kHz で振動し，X軸方向へは SWEEP TIME 1 ms/DIV の速度で右方へ走るので，波形として見える (DIVISION = 区画 = たいていは 1 cm)．

図4(a)の波形の周波数 f が未知であるとすれば，次のようにしてスクリーン上で測定する．

1. 波の1振動の時間，すなわち周期 T を測定する．スクリーンのX軸の幅全体の 10 DIV は，時間にして $1 \text{ ms} \times 10 = 10$ ms であり，その間にちょうど10個の波があるから，$T = 1.0 \text{ ms} = 1.0 \times 10^{-3}$ s である．

2. したがって，周波数は $f = 1/T = 1/(1.0 \times 10^{-3}) = 1.0 \times 10^3$ /s $= 1.0$ kHz である．

スクリーンから周期 T を測定するとき，次の2通りがある．

- 図4(a)のように波をたくさん出しておき，横幅全体の時間と，その間に含まれる波の個数から計算する．
- 図4(b)のように SWEEPTIME を 0.1 ms に設定すると，X軸の時間は1桁短くなり，波形は拡大されて見える．このようにほぼ1つの振動が見えるようにして，山から山，あるいは谷から谷 (または繰り返し対応する同じ箇所でもよい) の時間を読み取る．

(2) VARIABLE [このつまみは注意を要する]

SWEEP TIME のつまみは2重(または別のつまみ)になっていて,赤い字で "VARIABLE" と書かれている.これを回すと,スウィープの速さが変化する.微調整が必要な場合に用いるが,その場合は1 DIV あたりの時間が表示されている設定値と異なり,正しい値が得られないので注意を要する.TIME/DIV の値が必要な場合は,このつまみは右回しいっぱいにして, "CAL"[2] の位置にしなければならない.

まったく同様に,Y軸の感度 VOLTS/DIV にも VARIABLE つまみがあるので,Y軸の振れから電圧値を測定する場合には,"CAL" の位置になっていなければならない.

(3) X軸のスウィープ機能

SWEEP TIME のつまみを左回しの端 (0.2 s/DIV) に合わせると,輝点が左から右へゆっくり移動していくのが見える.DIV は DIVISION(区画)の略で,スクリーンの大きい目盛1つ(たいていは1 cm)をいう.0.2 s/DIV は輝点の走る速さであり,この場合 1 DIV = 1 cm を 0.2 秒で走っている.

つまみを右に回すとスウィープは速くなる.すると,スクリーンに塗られている蛍光物質の残像で(目の残像の効果ではない),輝点は輝線として見えるようになる.SWEEP TIME の値は次のように,1 DIV あたり1秒程度から100万分の1秒以下まで約6桁もの広範囲にわたり,1つのつまみで切り替えることができる.最も速い 0.2 μs/DIV の場合には,輝点は 1 cm を 500 万分の 1 秒で走る.

(0.5-0.2-0.1) s -(50-20-10-5-2-1) ms -(50-20-10-5-2-1-0.5-0.2) μs 表示の単位に注意.

このSWEEPつまみを,右回しいっぱいの端の "X" と書かれた位置に合わせると,後述のX-Y表示モードになる(機種によってはY軸 MODE つまみで切り替えるようになっている).

(4) トリガ機能 TRIGGER

Trigger は「引き金」であるが,オシロスコープのトリガは,X軸がスウィープを始めるきっかけを意味する.トリガ電圧の値と,その変化の勾配(+か,または−か)を設定するようになっていて,設定値になったときスウィープが始まる.トリガ機能は波形を静止させて観測するための必需品である.いくつかのつまみがあり,次のように設定する.

 TRIG. MODE NORM⋯Normal, 通常のトリガ動作をする.トリガ信号がなければ,スウィープしない(輝線が現れない).

       AUTO⋯ 通常のトリガ動作をするが,トリガ信号がないときもフリーランでスウィープする.

---

[2] CALIBRATED⋯ 較正された,の意味

(a)   (b)

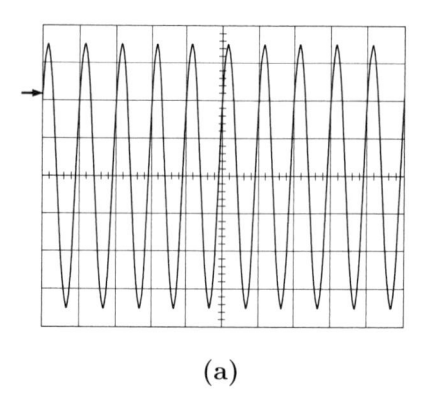

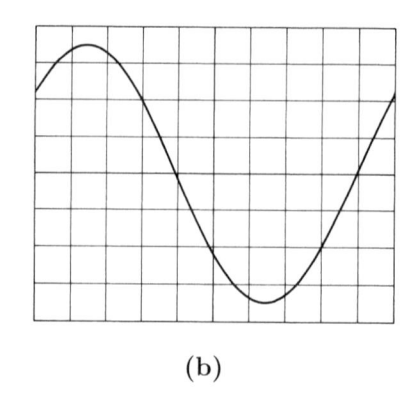

図 4 トリガの効果と時間軸の調整. (a) トリガーの値を変えるとスィープを始める電圧値 (左図の矢印の高さ) が変化する. X 軸は 1 ms/DIV, Y 軸は 0.5 V/DIV で測定したものである. (b) X 軸を 0.1 ms/DIV, Y 軸を 0.5 V/DIV に変えて測定したものである.

TRIG. SOURCE	トリガを働かせるための信号源を選択.
	CH.1, CH.2···CH.1 または CH.2 の信号電圧でトリガ.
	INT (単現象オシロスコープの場合のみ)···Y 軸の信号電圧.
	EXT···External (外部), EXT. TRIG. 端子に入れた電圧でトリガ.
TRIG. COUPL.	NORM, AC, DC, LF REJ, HF REJ[3]
TRIG. LEVEL	−, 0, + (トリガ電圧の設定, 連続可変)
TRIG. SLOPE	−, + (トリガ電圧の変化の勾配の設定)

図 4 の状態で, 信号の左端がよく見えるようにして, 上のつまみを変化させ, 何が変わるかを調べてみよ.

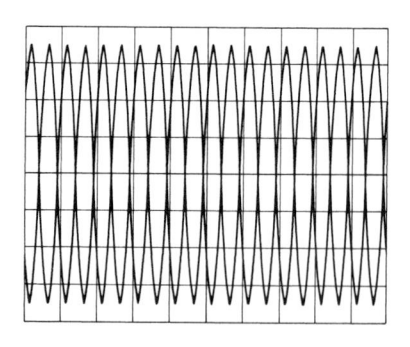

図 5 トリガがかかっていないと波形が重なったり, 流れたりする. X 軸は 1 ms/DIV, Y 軸は 0.5 V/DIV で測定したものである.

---

[3] Low/Hich Frequency, REJection = 低/広域除去

17.5 リサージュ図形

装置は図3のまま，さらにもう1台の発振器をX軸入力端子に接続する．オシロスコープは前節で述べたX-Y表示モードにする．そうすると，輝点はY軸に接続された発振器の出力電圧によってY軸方向に振動し，X軸に接続された発振器の出力電圧によってX軸方向に振動することになる．画面は，X方向とY方向の独立な2つの運動が合成されて，その軌跡が表示される．

発振器の設定は2台ともほぼ同じようにする．
波形　　正弦波 (正弦波と矩形波の切り替えスイッチ)
周波数　100 Hz (1×100 Hz または 10×10 Hz) ダイアルの値は数%の誤差があるので，後でリサージュ図形が現れるように，どちらかの発振器のダイアルを微調整する．
出力　　ほぼ中央の位置
減衰器　0 dB (ATTEN. または ATTENUATOR と表示がある)
オシロスコープの設定 (X-Y表示モードに設定する)
Y軸　　MODE X-Y (2現象オシロスコープの場合)
Y軸　　入力感度 0.5 VOLTS/DIV
X軸　　入力感度 0.5 VOLTS/DIV （2現象オシロスコープの場合）．単現象オシロスコープの場合は感度最大にする．

X軸およびY軸に入力される電圧 V_x, V_y は次のような正弦波である．

$$V_x = V_0 \sin(2\pi f_x t + \alpha), \quad V_y = V_0 \sin(2\pi f_y t + \beta) \tag{1}$$

ここで，V_0 は振幅で，X軸，Y軸の振幅は等しくしておく．f_x, f_y はそれぞれの周波数，α, β は初期位相である．この2つの電圧がX-Y面に描く軌跡は一般にはかなり複雑である．

いま，2つの周波数が等しく，$f_x = f_y = f$ の場合には，t を消去すると，次のような楕円の式になる．

$$V_x^2 + V_y^2 - 2V_x V_y \cos(\beta - \alpha) = V_0^2 \sin^2(\beta - \alpha) \tag{2}$$

$\alpha = 0$ で初期位相の差 $\theta \equiv \beta - \alpha$ のいくつかの値について，軌跡を描いてみると図6のようになる．式(2)は，たとえば $\theta = 0$ の場合は直線 $V_x = V_y$，$\theta = \pi/2$ の場合は円 $V_x^2 + V_y^2 = V_0^2$ となる．また，f_x と f_y の比が整数倍のとき，スクリーンには静止した閉曲線が現れる．図7にそのいくつかを示す．

(1) 作図法

式(1)で f_x, f_y が整数比の場合のリサージュ図形はこの2つの式が描く軌跡として求めることができる．$f_x : f_y = 3 : 4$，初期位相 $\alpha = \pi/2$，$\beta = \pi$ の場合を例に，この軌跡を作図で得る方法を述べる．

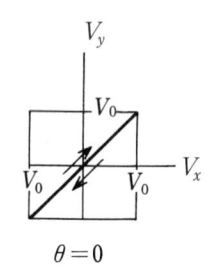

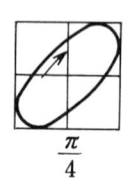

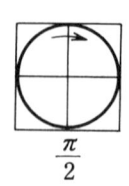

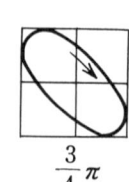

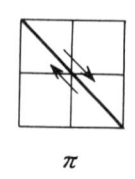

図 6　$f_x = f_y$ の場合のリサージュ図形.

図 7　さまざまなリサージュ図形.

1. 図 8 のように，円 X を描き，角度 $\alpha = 0$ の始線を真下に定める．また円 Y を描き，角度 $\beta = \pi$ の始線を右真横に定める．
2. 円周上に $t = 0$ のときの位相 $\alpha = \pi/2$，$\beta = \pi$ の点を入れる．
3. 円 X と円 Y の円周を，それぞれ f_x, f_y の逆比で等分割する．$f_x : f_y = 3 : 4$ の場合は，円 X を 4，円 Y を 3 の割合で分割する．図では，円 X を 16，円 Y を 12 に分割している．20 : 15 とすれば，もっとなめらかな曲線が得られる．
4. 円 X と円 Y の円周上の分割点の間隔は同じ時間間隔に相当するので，始めの点から順に番号を打ち，図のように，同じ番号どうしの交点をつないでいくとリサージュ図形を得る．なお図 7 の図形は $\alpha = 0$ として，得られる．

$f_x : f_y = 3 : 4$
$\beta - \alpha = \dfrac{\pi}{2}$
($\beta = \pi$, $\alpha = \dfrac{\pi}{2}$)

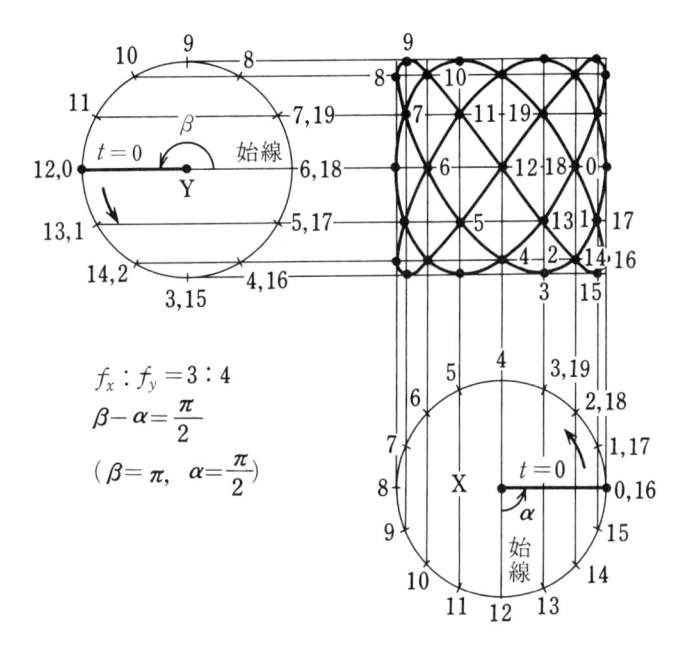

図 8　リサージュ図形の描き方.

実験 18. e/m の測定

18.1 目的

均一な磁場内を運動する電子の円軌道の半径を観測することによって，電子の比電荷 e/m を測定する．

18.2 理論

均一な磁束密度 B [Wb/m^2] 中を，速度 v [m/s] で運動している電子 (電荷 $-e$ [C]，質量 m [kg]) に働く力 F は

$$F = -ev \times B \text{ [N]} \tag{1}$$

とベクトル積で表すことができる．

図1は，紙面に垂直で下向きの一様な磁場中を，速度 v [m/s] で紙面に平行に入射した電子の運動を表す．いま電子の速度 v と磁束密度 B は互いに垂直であるから，電子は次の式で表される向心力 F [N] を受けて，半径 r [m] の等速円運動を行う．

$$F = evB = \frac{mv^2}{r} \text{ [N]} \tag{2}$$

ここで，F, v, B はベクトルの大きさを表す．

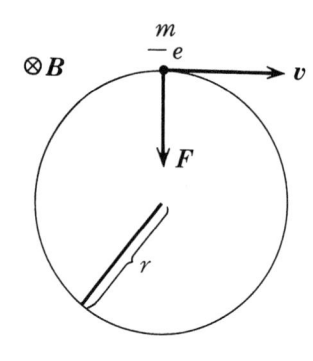

図1 電子の円軌道

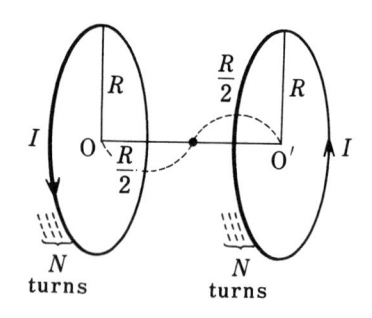

図2 ヘルムホルツコイル

はじめ静止していた電子が，電位差 V [V] によって加速され，速さ v [m/s] になったとすると，電子が得た運動エネルギーは

$$\frac{1}{2}mv^2 = eV \text{ [J]} \tag{3}$$

となる．電子の電荷と質量の比 e/m (比電荷) は，式 (2), (3) より v を消去して

$$\frac{e}{m} = \frac{2V}{r^2 B^2} \text{ [C/kg]} \tag{4}$$

と表せる．

強さ B [Wb/m^2] の均一な磁束密度を発生させるために，図 2 に示すような半径 R [m]，巻き数 N [回] の等しい 2 個の円形のコイルを，コイルの軸を共通にして並べ，コイル面の中心 OO' の距離が R [m] に等しくなるように配置する (これをヘルムホルツコイルという)．

そして，この両コイルに同じ強さの電流 I [A] を同方向に流すと，OO' の中点 P における磁束密度の強さ B [Wb/m^2] は，次のようになる (式の導出については，この章の最後を参照せよ)．

$$B = \left(\frac{4}{5}\right)^{\frac{3}{2}} \frac{\mu_0 I N}{R} \text{ [Wb/m}^2\text{]} \tag{5}$$

ここで μ_0 は真空中の透磁率と呼ばれ，その値は

$$\mu_0 = 4\pi \times 10^{-7} \text{ [N/A}^2\text{]} \tag{6}$$

である．

OO' の中点 P を通り，OO' に垂直な面内で，電子が等速円運動を行う場合，比電荷 e/m の値は，式 (4) に式 (5) を代入して

$$\frac{e}{m} = \left(\frac{5}{4}\right)^3 \frac{2R^2}{\mu_0^2 N^2} \frac{V}{I^2 r^2} \text{ [C/kg]} \tag{7}$$

と表される．

18.3 装置

e/m 測定装置，ヒーター電源 (AC 6.3 V)，高圧電源 (DC 0 ～ 300 V)，直流電源 (0 ～ 5 A)．e/m 測定装置は図 3 (a) に示すようにヘルムホルツコイルと，その中心にあるガラス製の真空管球とからできている．管球内には 10^{-2} mmHg 程度のヘリウムガスが封入されており，加速された電子とヘリウム原子が衝突して，淡い光を発し，電子の軌道が見えるようになっている．また図 3(b) のように，管球の前に置かれたスケールとその上に取り付けられた小さい指標板は，電子の軌道半径を測定するものである．方法は，スケール上の指標板を動かして，指標板の上部の縁の延長線上に，電子銃 (電子が飛び出すところ) の中心 G がくるように合わせ，目盛を読み取る．同様にして，指標板の上部の縁の延長線上を，円軌道の他の端 D (DG は円軌道の直径) に合わせて目盛を読み取って，直径 DG を測定する．

注意 スケールの目盛に付けられた 0 の位置は，必ずしも右端の G の位置に一致しているわけではないので，確かめること．

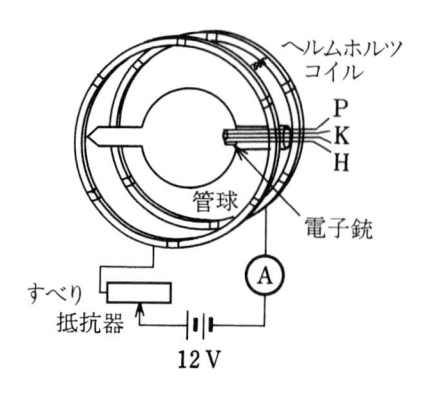

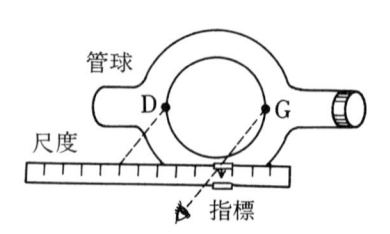

図3

18.4 方法

(1) コイル電流用電源のスイッチを切ったままにして，ヒーター電源を入れる．次に，プレート用高圧電源のスイッチを入れ，プレート電圧を約150 Vにする（はじめ高圧電源が安定するまでしばらく時間がかかる）．このとき，電子銃から出た電子が，直進して管球に衝突する様子が見られる．

(2) 次に，コイル電流用電源のスイッチを入れ，コイルに流れる電流 I をしだいに増加させていくと，電子の軌道が曲げられ，円軌道を描くようになる．このとき，電子が同一面内の円軌道ではなく，らせん軌道を描く場合は，磁束密度 B と電子の速度 v が垂直でないので，管球を回転させて，電子が同一面内で円軌道を描くように調整する．

e/m は一定なので，式 (7) からわかるように，電子の円軌道の半径 r は，電流 I に反比例し，プレート電圧 V の平方根に比例する．すなわち，コイルに流れる電流を増やせば円軌道は小さくなり，プレート電圧を増やせば円軌道は大きくなる．

以上の操作に慣れたら，次の測定を行う．

(3) 電子の軌道半径 r が一定値 5.0 cm になるように，プレート電圧 V およびコイルの電流 I を調節して，V と I の測定値の組を5つ程度，記録する．ただし，V の値は150 Vから250 Vまでとする．

式 (7) において，V を I の関数とみて書き直すと，$V = a \times I^2$

$$\text{ただし} \quad a = \frac{e}{m}\left(\frac{4}{5}\right)^3 \frac{\mu_0^2 N^2}{2R^2} r^2 \tag{8}$$

と書ける．上の測定データを用いて，縦軸に V を横軸に I^2 をとって，V と I^2 の関係をグラフにプロットすると，傾きが a の直線上にのることが予想される．

(4) 図4より傾き a を求め，式 (8) より e/m を決定する．

測定例
軌道半径 5.0 cm

プレート電圧 V[V]	コイルの電流 I[A]
150	1.06
170	1.13
190	1.19
210	1.25
230	1.31

$R = 0.15$ m $r = 0.050$ m $N = 130$ 回

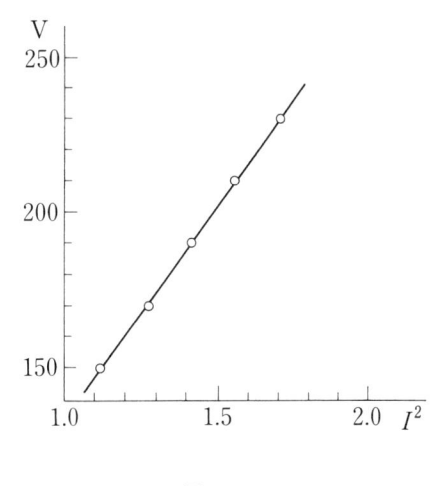

図 4

参考 式 (5) の導出

図 5 に示すような，半径 R [m] の円形コイルに，電流 I [A] を流したときに生じる，中心軸上の磁場の強さ H [A/m] を求める．コイルの中心軸を z 軸にとる．中心 O から距離 z [m] だけ離れた，中心軸上の点 P における磁場を考える．導線に沿った微小な長さ ds の領域と点 P とを結ぶ線分の長さを r [m]，これと z 軸とのなす角を ϕ [rad] とすると，電流素片 Ids によって，点 P に生ずる微小磁場 d$\boldsymbol{H}$ は

$$d\boldsymbol{H} = \frac{I\,d\boldsymbol{s}}{4\pi r^2} \times \frac{\boldsymbol{r}}{r} \ [\text{A/m}] \tag{9}$$

である (ビオ・サヴァールの法則)．ここで，$\boldsymbol{r}/r$ は，いま考えている微小な電流素片から点 P に向かう単位ベクトルを表す．

点 P におけるコイル全体からの寄与は，z 軸のまわりの対称性から，z 軸に垂直な成分はキャンセルされるので，微小磁場 d$\boldsymbol{H}$ の z 成分 dH_z のみを考えればよい．dH_z は次のようになる．

$$dH_z = dH \sin\phi = \frac{IR}{4\pi r^3}\,ds \ [\text{A/m}] \tag{10}$$

いま，巻き数 N [回] のコイルを考えると，全電流による磁場の強さ H は

$$H = \int dH_z = \frac{IR}{4\pi r^3} \int_0^{2\pi NR} ds \ [\text{A/m}] \tag{11}$$

$$H = \frac{IR^2 N}{2(R^2+z^2)^{\frac{3}{2}}} \ [\text{A/m}] \quad (\text{ここで } r = \sqrt{R^2+z^2} \text{ を用いた}) \tag{12}$$

となる．磁場 H の方向は $+z$ 方向である．ヘルムホルツコイルの P 点における磁場の強さは，2 つのコイルからの磁場の強さの和となることから，式 (12) で，$z = R/2$ とおいて得ら

図5

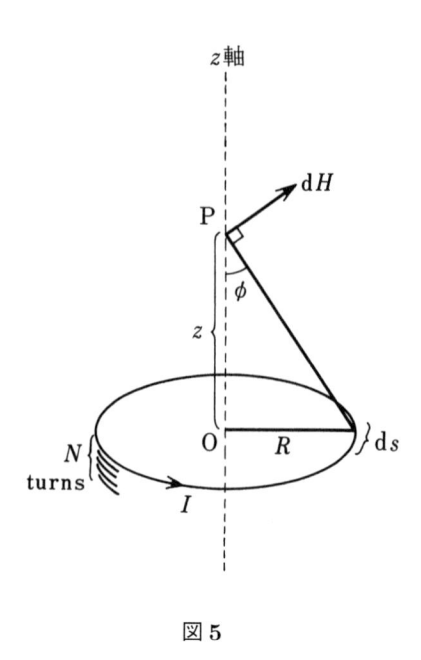

れる結果の 2 倍となる．

$$H' = 2H = \left(\frac{4}{5}\right)^{\frac{3}{2}} \frac{IN}{R} \ [\text{A/m}] \tag{13}$$

したがって，磁束密度 B は

$$B = \mu_0 H' = \left(\frac{4}{5}\right)^{\frac{3}{2}} \frac{\mu_0 IN}{R} \ [\text{Wb/m}^2] \tag{14}$$

となる．

実験 19. 放射線の測定

19.1 目的

放射線源として放射性同位元素（RI：Radio Isotope）を用い，RI に関する基本的な取り扱いと放射線の計数技術および統計処理法を学習する．実験項目は自然計数の測定，距離による逆 2 乗則，物質による吸収を計測することにより確認する．

19.2 原理・理論

1. 原子核の壊変および放射線と物質

　　ウランやラジウムなどの放射性同位元素は放射線を放出し，原子核種やエネルギー状態を変える．そのような放射線を放出する性質を放射能という．放出される放射線には α 線，β 線，γ 線，中性子線などがある．実験テーマ「放射線の測定」では放射線源として ^{137}Cs を用いる．

　　^{137}Cs は次のように 2 つの壊変様式をもち，それぞれの過程で放射線を放出する．

　　壊変様式 1：94.4 % の Cs は，はじめに半減期 30.07 年 で β^- 壊変 (0.51 MeV) により不安定な Ba 原子核に変化する．次に，半減期 2.55 分 で γ 線 (0.662 MeV) を放出して安定な Ba 原子核になる（核異性体転移）．

　　壊変様式 2：5.6 % の Cs は，半減期 30.07 年 で β^- 壊変 (1.17 MeV) により安定な Ba 原子核に変化する．

この反応が起こるときに放出される放射線のうち，β 線は，物質中で物質のイオン化 (電離) や励起，輻射過程 (光子の放出) などによりエネルギー損失を起こして強度が減衰する．また，γ 線は光電効果，コンプトン効果，電子対生成により物質中で吸収され，強度が減衰する．このような物質との相互作用によって放射線の強度 (粒子数) が減衰する様子は，放射線の種類やエネルギー，通過する物質により異なる．実験で扱う β 線と γ 線はエネルギーが極端に高い放射線ではないので，物質を透過する能力はそれほど大きくない．

　一般に放射線は，放射性原子核から等方的に放射されていると考えてよい．以下に述べるように，放出された放射線が物質に吸収される量 (吸収線量) は，物質と放射性原子核との距離の 2 乗に依存していることがわかる．いま，放射性原子核から放射線が等方的に放出されていると考え，ある立体角 Ω 中に単位時間あたり n_0 個の放射線が通過するとする．放射性原子核からの距離が r における立体角 Ω で被われる面積を $S = r^2 \Omega$

とすると，$S = r^2 \Omega$ となる．これより，放射性原子核からの距離が r での単位面積・単位時間あたりに通過する放射線の数 n は，

$$n = \frac{n_0}{S} = \frac{n_0}{r^2 \Omega} \tag{1}$$

となり，放射性原子核からの距離の2乗に反比例する (逆2乗則)．

物質の厚さ x での透過放射線強度を $N(x)$，$x = 0$ での強度を N_0 とする．単位厚さあたりの強度の減衰が粒子数に比例すると，$-\dfrac{\mathrm{d}N}{\mathrm{d}x} = \mu N$ となるので，減衰の様子は指数関数で表される．

$$N(x) = N_0 \, \mathrm{e}^{-\mu x} \tag{2}$$

μ は物質による吸収係数と呼ばれる量である．^{137}Cs の崩壊過程では β 線と γ 線を放出するので吸収曲線を描くと透過力の弱い β 線が物質層の厚さとともに早く減衰し，透過力の強い γ 線はなかなか減衰しないので，異なる2つの傾きをもつ吸収曲線の和として観測される．

2. ガイガー計数管

放射線を測定するにはいろいろな検出装置があり，エネルギーを測定する装置や種類を弁別する装置，大面積を測定できる装置，位置や時間分解能が優れている装置など目的に応じて開発されることが多い．

この実験ではガイガー (Geiger-Müller：GM) 計数管を用いて粒子数を計数する．GM計数管は減圧した半径 b の金属製管の中心に沿って半径 a の金属線を張り，金属管を接地して金属線に正の電圧 V_0 を印加する．中心から距離 r の位置での電場 $E(r)$ は，

$$E(r) = \frac{V_0}{r \ln(b/a)} \tag{3}$$

で表され，中心に近づくにつれて強い電場が生じる．GM計数管に放射線粒子が入射すると充填されている不活性ガス (Ar など) が電離して正のイオンと電子ができる．電子は中心に向かって電場で加速され，さらに他の中性のガスと衝突してイオン化して2次電子を生成する．この過程を繰り返し，次々とガスをイオン化して"電子なだれ"と呼ばれる現象を引き起こし，この多量な電子によって金属線に電気パルスが生じる．適切な動作電圧を設定することにより，入射する個々の放射線に対応した電気パルスを取り出し，計数することができる．一定強度の放射線源に対する印加電圧と計数率の関係を図1に示す．

通常，GM計数管の動作点はプラトー (平坦) 領域と呼ばれる，計数がほぼ一定で検出効率が 100 % に近い領域の中程に設定する．プラトー領域での検出効率は一定ではなく，数 %/100 V 程度の電圧依存性をもつ．もちろん，印加電圧が低く GM 計数管が動作しない領域や高過ぎて放射線により正常にトリガー (trigger) されず粒子数を超え

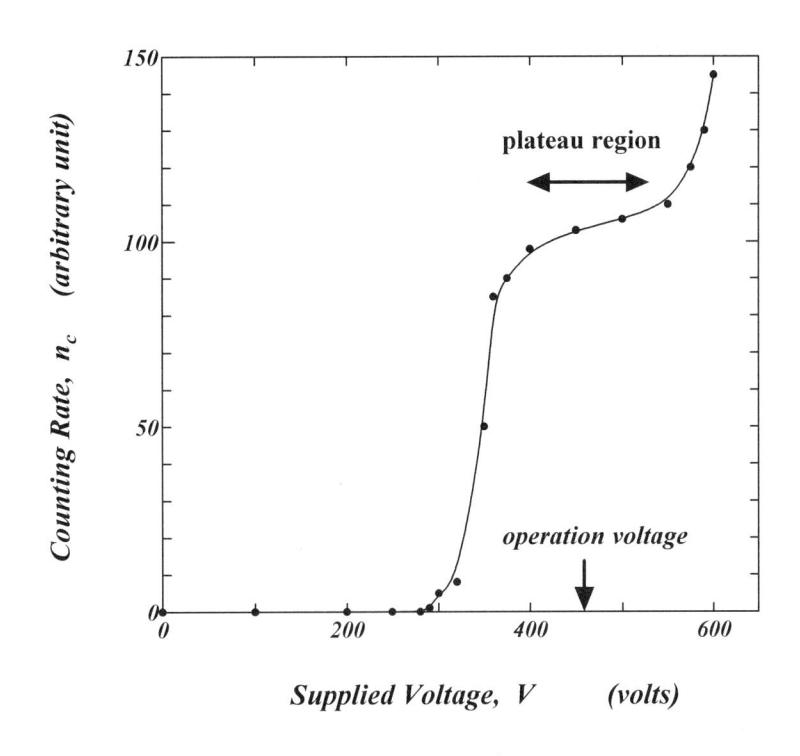

図1 GM計数管の動作電圧と検出効率

て放電をする領域では，正しい動作が行われないのでその領域では使用しない．

19.3 装置

この実験では島津製の放射線測定装置 (型番 RMS-6) を用いる．この装置は放射線を検出するGM計数管部と電気パルス信号の処理回路・表示部から構成され，放射線を測定することができる．GM計数管の先の窓材は放射線を測定するために，薄いマイラーの膜が使用されているので破らないよう取り扱いには注意すること．電源コードを接続する前に次の操作を行う．

1. 放射線計数装置の前面パネル右下にあるコネクターに GM 計数管を接続する．
2. パネル面左の GM 計数管に印加する電圧調整の黒いボリュームを左回りに止まるまで回す．
3. パネル下側に並んでいる白いトグルスイッチは，一番左の電源スイッチが下向き (OFF) でその他がすべて上向きになっていることを確認する．
4. スイッチ位置を確認後，電源コードを100V電源に接続し，電源スイッチを上向きにしてONにする．
5. 電圧調整のボリュームを右にゆっくりと回し，GM 計数管への印加電圧を約 420〜450

V の間の値に設定する．設定した印可電圧の値をメータから読み取り記録する．この範囲で GM 計数管の放射線検出効率がほぼ 100 % になる．

6. 表示パネル右側にある赤い RESET ボタンを押して計数表示を 0 にリセットする．次に白い START ボタンを押して計数を開始すると，1 分間測定後に自動停止する．パネルに表示された計数値を記録する．この操作により 1 分間の計数 (cpm：counts per minute) が行われるので，ある設定条件の下でこの操作を繰り返し行ってデータを記録する．

7. 測定を行うときには，RI を保持する円形の枠と枠を載せて線源と検出器間の距離を変えることができる測定箱を用いる．実験で用いる RI はプラスチック製半月板の小さな穴の中に封入した密封線源であり，ダミーの半月板とともに用いて円形の枠にはめる．また，測定箱の上部の円筒に GM 計数管を挿し込んで固定する．

19.4 操作

はじめに，自然計数の測定を行い自然界に存在する放射線量を求める．これを以降の測定で得られるデータのバックグラウンドと見なし，データの補正に用いる．次に，RI からの距離を変化させたときに計数される値の変化から逆 2 乗則を確認する．さらに，放射線を吸収する物質の厚さを変えたときに計数される値の変化から放射線の吸収が指数関数で表されることを確認する．以下の条件で測定を行う．

1. RI は用いないで自然計数の測定を行う．測定は 1 分間の計数を 15 回以上繰り返す．
2. RI からの距離を 3 cm～12 cm の間の 4 点以上での測定を行う．それぞれの距離で，1 分間の計数を 5 回繰り返す．
3. RI からの距離を一定にし，放射線を吸収させる Al の板の厚さを約 0.1 mm から 2 cm 程度まで増やして測定する．それぞれの厚さで，1 分間の計数を 5 回繰り返す．
   Al 厚が 0 mm のデータは 2 で測定したデータを流用する．

19.5 データ処理

以下では測定データの処理において複数回の測定値の平均 N とその不確定さ $\sqrt{N}$ を用いて，$N \pm \sqrt{N}$ (cpm) と表す[1]．グラフにする場合にも N のデータ点と $N + \sqrt{N}$ から $N - \sqrt{N}$ の範囲の誤差棒をプロットする．計数値の不確定さは，測定が独立した時間系列の測定であるので，ポアソン分布を仮定して求めるが，計数値が大きいときにはガウス分布で近似できる．

1. 自然計数の頻度分布を描く．この自然計数は，RI を用いた測定におけるバックグラウンドとなるので，頻度分布の平均値と不確定さを求め，次の操作で測定するデータから差し引くことを行う．これをデータの補正という．頻度分布に対して平均値と幅のパラメータのみで形が決まるガウス分布を当てはめてみよ．

---

[1] ここでは，計数実験における計数がポアソン分布に従うと仮定し，不確定さは $\sqrt{N}$ としてデータ処理する．

2. 図 2 左に示すように,両対数グラフにデータをプロットし,直線を当てはめる.グラフの直線の傾きから逆 2 乗則を確認する.
3. 図 2 右に示すように,片対数グラフにデータをプロットし,直線を当てはめる.Al が薄い領域と厚い領域でそれぞれ別の傾きをもつので,グラフの傾きを計算し,物質による放射線に対する吸収係数を求める.

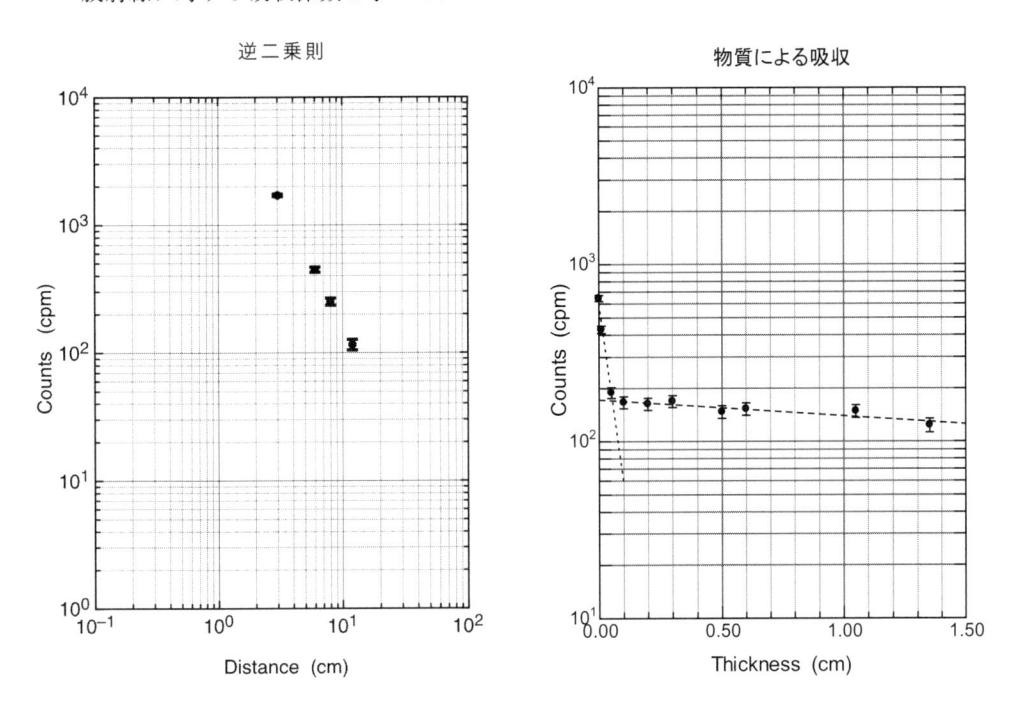

図 2　GM 計数管の実験における計数の距離依存性 (左) と物質による吸収の例 (右)

19.6　結果

結果は目的で設定した項目について,(1) 自然計数,(2) 逆 2 乗則,および (3) 物質による吸収計数のデータの解析とグラフからわかることを簡潔かつ明瞭に記載する.各項目において,求めた数値や振る舞いに関する物理的な内容を適宜記述すること.

19.7　考察

考察は結果の評価や妥当性について客観的な観点で書くこと.たとえば,参考となる文献値などがある場合には,その値との比較を行う.また,結果に含まれる不確定さについて原因などを書くことも必要であろう.

19.8 課題

次の課題を調べてレポートにしなさい.

(1) 自然計数で検出される放射線は何か調べよ.

(2) α 線, β 線, γ 線は何か調べよ.

(3) 原子核が α 線, β 線, γ 線を放出するとき, 放出前と放出後の核種の質量数 A と原子番号 Z はどのように変化するか.

(4) 放射性同位元素の半減期と寿命について調べよ.

(5) 検出器の大きさが問題となる装置の場合に, まず装置の立体角について調べ, 装置の立体角の影響を考慮したデータの補正を考えてみよ.

(6) 図2右に示すように, 片対数グラフが2つの傾きをもつ場合, その原因について考えてみよ.

【参考】

● 逆2乗則の実験において放射線源が点源と見なせる場合でも, 点源に対して検出器の面積が大きさをもつため立体角が距離によって異なる. その効果が計数データにどのような影響を与えるかを考えてみよ.

● アルミニウムと鉛を通過する, ^{137}Cs から放出されたエネルギー 0.662 MeV の γ 線に対する吸収係数の値は

$$\mu_{\text{Al}} = 0.20 \text{ cm}^{-1}, \quad \mu_{\text{Pb}} = 1.25 \text{ cm}^{-1}$$

である.

● 図3のように β 線に対する吸収曲線が γ 線の吸収曲線に交わる位置より, β 線がすべて物質層によって阻止される厚さ, i.e.最大飛程 R が得られる. 最大飛程 R と β 線の最大エネルギー $E_{\beta_{\max}}$ との関係を飛程-エネルギー図に示す. これにより R より $E_{\beta_{\max}}$ が求められる.

● 放射線がGM管に入射し, 放電が起こって電子雪崩(なだれ)が生じた結果, 電気パルスが計数されたとする. その過程が進行している間は次の放射線粒子が入射してきても計数されないことになる. このようにランダムに生起する事象において装置が感度をもたない時間を不感時間 (dead time) といい, 事象の頻度が大きい場合に問題になることがある.

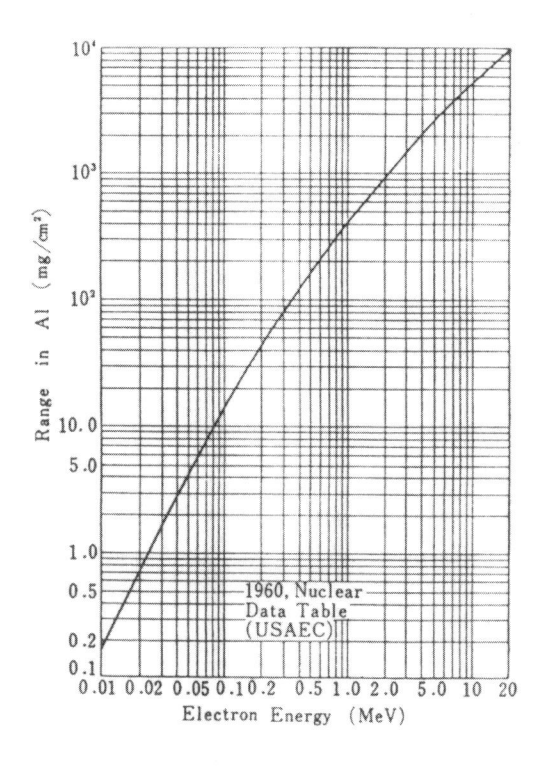

図3 アルミニウム中での電子の飛程

実験 20. 両親媒性分子の長さの推定

20.1 目的
両親媒性分子の長さを推定する．

20.2 理論
石けんを作っている分子は特殊な構造をしている．その特殊性のために汚れを落とすことができるのだが，ここではその分子の長さを測定することに応用する．論理を積み重ねることによって，思いもよらない結論 (分子の長さ) を導くことができる．

(1) 水面上の単分子膜
水面にサラダ油を一滴垂らすと，そのサラダ油は水面にレンズ状になって浮く．一方，アルコールを1滴垂らした場合は水の中に溶けてしまう．これらは，典型的な疎水性 (油)，**親水性** (アルコール) の分子の場合である．では，石けんの主成分である**両親媒性分子**と呼ばれる分子について考えよう．この分子は細長い分子で，一方の端が疎水性で他方の端が親水性になっている．図1(a) を参照．このような分子はどのように振る舞うだろうか？

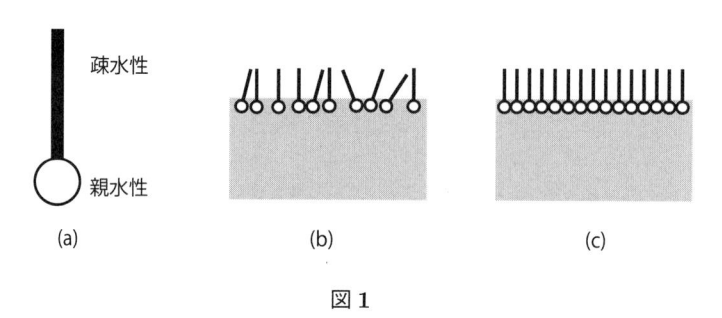

図 1

両親媒性分子を水面に垂らすと，図1(b) のように親水性の部分を水の側に向け，疎水性の部分を空気の側に向けて薄い膜を作る場合がある．水面上の分子の数（密度）を増やせば，(b) のような状態から (c) のような状態になる．このような水面上の**単分子膜**のことをラングミュア (Langmuir) 膜と呼ぶ．

水面上に広がった単分子膜は，2次元的な物質であると考えることができる．通常の物質は3次元であることに注意．3次元物質が，温度，体積，圧力によって気体，液体，固体の三態を示すように，2次元物質も，温度，面積，表面圧によって気体，液体，固体に相当するような状態を示す．図1(b) は気体あるいは液体状態で，(c) のように密度が大きくなって，自由に動け

なくなると固体状態と考えることができる．

3次元の物質の圧力に相当するものを2次元の物質においても考えることができ，表面圧と呼ぶ．「圧力」が，2つの3次元的領域の間の「境界面」に働く(単位面積あたりの)力であるのに対し，「表面圧」は，2つの2次元的領域の間の「境界線」に働く(単位長さあたりの)力である．

(2) 両親媒性分子の長さの推定

両親媒性分子が水面上の単分子膜を作る場合を考える．ある体積の両親媒性分子が水面上でどれぐらいの面積の単分子膜を作るか測定すれば，「体積/面積」によって分子長を推定することが可能である．

20.3 装置

実験に使用する器具は以下の通りである．注射器(先端が尖ったもの)を使うので，ふざけないこと．

表1 材料，器具など

オレイン酸の希釈溶液 (1000倍)	1本/テーブル
アルコール容器 (洗浄用)	1本/テーブル
墨汁	1本/人
水差し (大小)	1個ずつ/テーブル
プラスチック・ビーカー	1個/テーブル
ペーパータオル	1箱/テーブル
注射器	1個/人
アルミ・バット	1個/人
紙	2枚/人
方眼紙	1枚/人
使い捨てビーカー (or, 紙コップ)	1個/人
爪楊枝容器	1本/テーブル

(1) 準備

墨汁を使うので多少汚れてもよい衣服で実験を行うこと．水分を吸い取るために古新聞を使うので，各自持ってくること．

実験の予想される結果欄に予想される分子の大きさとその根拠を記述すること．分子長としてどの程度の大きさが得られたら妥当であろうか？ 常に測定した結果が妥当であるか検討しながら実験を行うことが重要である．

20.4 方法

実験では墨汁の薄い膜を張った水面に**オレイン酸**のアルコール溶液 (体積で 1000 倍に希釈したもの) を垂らすことによって単分子膜を作る.

(1) 液滴の体積の測定

アルコール (プラスチック・ビーカーに入れて配布する) を注射器にとって, ゆっくりピストンを押すことによって, アルコールを 1 滴ずつ垂らすことが可能である. アルコールを注射器に 0.3 mL 程度とり, 使い捨てビーカーに 1 滴ずつ落として, 0.1 mL (注射器の目盛によって測定) が何滴に相当するか測定する.

同様に, オレイン酸をアルコールで薄めた溶液 0.1 mL が何滴に相当するか測定する (1 回だけ測定し, アルコールと同じになるか確かめよ).

(2) 単分子膜の面積の測定

単分子膜の面積を測定するために, 「墨流し」の技法を用いる. 手順は以下の通りである.

- アルミ・バットに深さ 10 mm 程度の水を張る. 水差し (小) に水を入れて, そこからバットに水を注ぐ.
- 墨の薄い膜を次の手順で作る. 爪楊枝に墨汁をわずかにつけて, 静かに水面に触れる. 最初は墨汁が水面を素早く動くことが観察できる. この操作を何度か繰り返すと, 墨汁が水面を素早く動くことが観察できなくなる (通常は 3 回行えば OK). この状態が墨の薄い膜が水面にできた状態である.

図 2 墨の薄い膜を作る.

- オレイン酸溶液を 1 滴垂らす. 注射器のピストンを押すとき, 最初は摩擦が大きく, 溶液を 1 滴確実に落とすことは困難である. そこで, 使い捨てビーカーの上で数滴落としてピストンの動きをなめらかにしてから, 水面上で 1 滴垂らすこと.
  オレイン酸の単分子膜の部分だけ墨が押しのけられる. 墨汁の表面圧のために, オレイン酸による単分子膜には隙間がないと期待できる. すなわち, 図 1 の (b) ではなく (c) のような状態である.
- 水面に紙をそっと載せる. 単分子膜の部分だけ墨が紙に移らない. 紙が一度水面に触れ

た後，ゆっくりと紙を水面から引きはがす．その後，紙の水気を取るために古新聞に挟んで押さえる．

1回目の測定および分子長の推定を行った後，バットに残った水を水差し(大)に捨てて2回目の実験を同様に行う．**複数回実験を繰り返して，実験の再現性を検証することも重要である．**

(3) 後片付け

実験終了時には，以下の後片付けを行う．ただし，教員またはTAの許可を得てから行うこと．

- 注射器の洗浄を行う．
    - 注射器の洗浄：アルコールを注射器に0.5 mLぐらいとり，使い捨てビーカーに捨てる．この操作を5回繰り返す．
- 中の溶液とともに使い捨てビーカーをバケツに入れる．
- 実験用の機材を最初の状態に戻す．
- アルミ・バットを流しで洗った後，ペーパータオルで水気を拭う．

20.5 測定例

図3左(横の長さは100 mm)に単分子膜を紙に写しとった例を示す．ただし，白黒の差を強調しているので注意のこと．

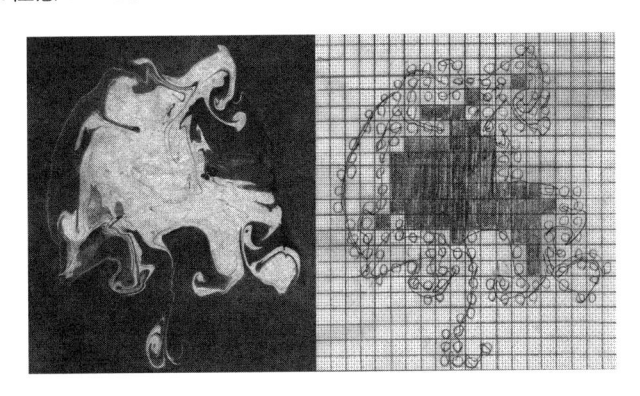

図3 左：紙に写しとった単分子膜の様子．白い部分がオレイン酸の単分子膜に対応する．横の長さは100 mmである．右：トレーシング・ペーパーの方眼紙による面積の解析．■は完全に白い部分が入っている5 mm方眼，○は少しでも白い部分を含む5 mm方眼．

20.6 解析（計算）

(1) 溶液1滴中に含まれるオレイン酸の体積

オレイン酸溶液1滴の体積を求める．そして，オレイン酸溶液1滴の中に含まれているオレイン酸の体積を計算する．また，体積の誤差を推定せよ．**測定を行う場合は，常に誤差の大き**

さを意識することが大切である．

(2) 面積

紙に写しとられた模様の白い部分の面積がオレイン酸による単分子薄膜の面積である．トレーシング・ペーパーの方眼紙を重ねて図2右のように模様をトレースしてから，完全に白い部分が入っている 5 mm 方眼の数 X と少しでも白い部分を含む 5 mm 方眼の数 Y を数える．単分子薄膜の面積は，大まかに $25(X + Y/2)$ mm^2 と見積もることができる．

(3) 分子長の推定

「体積/面積」から分子長を推定せよ．

20.7 考察

- 1滴の体積と膜の面積の測定の誤差について検討し，分子長の誤差を推定せよ．
- 予想されるオレイン酸分子の長さと実験結果を比較し，なぜ違いが出たのかを定量的に議論せよ．
- 厚い墨の層を水面上に作った場合，何がよくないか？

付表　諸定数表

1. 基礎物理定数

真空中の光速度	$c = 2.99792458 \times 10^8$ m/s	
真空中の透磁率 磁気定数	$\mu_0 = 4\pi \times 10^{-7} = 1.25663706 \times 10^{-6}$ H/m	
真空中の誘電率 電気定数	$\epsilon_0 = (4\pi^{-1}c^{-2} \times 10^7 = 8.854187817 \times 10^{-12}$ F/m	
万有引力定数	$G = 6.6726 \times 10^{-11}$ N·m²/kg²	
プランク定数	$h = 6.626076 \times 10^{-34}$ J·s	
	$h/2\pi = 1.0545727 \times 10^{-34}$ J·s	
電気素量	$e = 1.6021773 \times 10^{-19}$ C	
磁束量子	$h/2e = 2.0678346 \times 10^{-15}$ Wb	
ボーア磁子	$\mu_B = 9.274015 \times 10^{-24}$ J/T	
核磁子	$\mu_N = 5.5050787 \times 10^{-27}$ J/T	
電子の質量	$m_e = 9.109390 \times 10^{-31}$ kg	
陽子の質量	$m_p = 1.672623 \times 10^{-27}$ kg	
中性子の質量	$m_n = 1.674929 \times 10^{-27}$ kg	
ミュー粒子の質量	$m_\mu = 1.883533 \times 10^{-28}$ kg	
電子の磁気モーメント	$\mu_e = 9.284770 \times 10^{-24}$ J/T	
陽子の磁気モーメント	$\mu_p = 1.4106076 \times 10^{-26}$ J/T	
電子のコンプトン波長	$\lambda_c = 2.4263106 \times 10^{-12}$ m	
陽子のコンプトン波長	$\lambda_{cp} = 1.3214100 \times 10^{-15}$ m	
微細構造定数	$\alpha = 7.2973531 \times 10^{-3}$	
ボーア半径	$a_0 = 5.2917725 \times 10^{-11}$ m	
リュードベリ定数	$R_\infty = 1.097373153 \times 10^7$ /m	
電子の比電荷	$e/m_e = 1.7588196 \times 10^{11}$ C/kg	
電子の古典半径	$r_e = 2.8179409 \times 10^{-15}$ m	
原子質量単位	$\mu = 1.660540 \times 10^{-27}$ kg	
アボガドロ定数	$N_A = 6.022137 \times 10^{23}$ /mol	
ボルツマン定数	$k = 1.38066 \times 10^{-23}$ J/K	
1モルの気体定数	$R = 8.31451$ J/mol·K	
理想気体のモル体積	$V_0 = 2.24141 \times 10^{-2}$ m³/mol	(0 °C, 1atm)
0°Cの絶対温度	$T = 273.15$ K	
熱の仕事当量	$J = 4.18605$ J/cal	

乾燥空気中の音速 　　　$v_0 = 331.45$ m/s 　(0 °C)
標準大気圧 　　　$P_0 = 1.01325 \times 10^5$ Pa
重力加速度 (標準値) 　　　$g = 9.80665$ m/s^2

2. 単位の 10^n 倍の SI 接頭記号

名称	記号	倍数	名称	記号	倍数
deca	da	10	deci	d	10^{-1}
hecto	h	10^2	centi	c	10^{-2}
kilo	k	10^3	milli	m	10^{-3}
mega	M	10^6	micro	μ	10^{-6}
giga	G	10^9	nano	n	10^{-9}
tera	T	10^{12}	pico	p	10^{-12}
peta	P	10^{15}	femto	f	10^{-15}
exa	E	10^{18}	atto	a	10^{-18}

3. ギリシア文字

大文字	A	B	Γ	Δ	E	Z	H	Θ
小文字	α	β	γ	δ	ϵ	ζ	η	θ
読み方	alpha	beta	gamma	delta	epsilon	zeta	eta	theta

	I	K	Λ	M	N	Ξ	O	Π
	ι	κ	λ	μ	ν	ξ	o	π
	iota	kappa	lambda	mu	nu	xi	omicron	pi

	P	Σ	T	Υ	Φ	X	Ψ	Ω
	ρ	σ	τ	υ	ϕ	χ	ψ	ω
	rho	sigma	tau	upsilon	phi	chi	psi	omega

4. 原 子 量

原子番号	元 素	英 語	記号	原 子 量
1	水素	Hydrogen	H	1.00794
2	ヘリウム	Helium	He	4.002602
3	リチウム	Lithium	Li	6.941
4	ベリリウム	Beryllium	Be	9.012182
5	ホウ素	Boron	B	10.811
6	炭素	Carbon	C	12.011
7	窒素	Nitrogen	N	14.00674
8	酸素	Oxygen	O	15.9994
9	フッ素	Fluorine	F	18.9984032
10	ネオン	Neon	Ne	20.1797
11	ナトリウム	Sodium	Na	22.989768
12	マグネシウム	Magnesium	Mg	24.3050
13	アルミニウム	Aluminium	Al	26.981539
14	ケイ素	Silicon	Si	28.0855
15	リン	Phosphorus	P	30.973762
16	硫黄	Sulfur	S	32.066
17	塩素	Chlorine	Cl	35.4527
18	アルゴン	Argon	Ar	39.948
19	カリウム	Potassium	K	39.0983
20	カルシウム	Calcium	Ca	40.078
21	スカンジウム	Scandium	Sc	44.955910
22	チタン	Titanium	Ti	47.867
23	バナジウム	Vanadium	V	50.9415
24	クロム	Chromium	Cr	51.9961
25	マンガン	Manganese	Mn	54.93805
26	鉄	Iron	Fe	55.845
27	コバルト	Cobalt	Co	58.93320
28	ニッケル	Nickel	Ni	58.6934
29	銅	Copper	Cu	63.546
30	亜鉛	Zinc	Zn	65.39
31	ガリウム	Gallium	Ga	69.723
32	ゲルマニウム	Germanium	Ge	72.61
33	ヒ素	Arsenic	As	74.92159
34	セレン	Selenium	Se	78.96
35	臭素	Bromine	Br	79.904
36	クリプトン	Krypton	Kr	83.80
37	ルビジウム	Rubidium	Rb	85.4678
38	ストロンチウム	Strontium	Sr	87.62
39	イットリウム	Yttrium	Y	88.90585
40	ジルコニウム	Zirconium	Zr	91.224
41	ニオブ	Niobium	Nb	92.90638
42	モリブデン	Molybdenum	Mo	95.94
43	テクネチウム	Technetium	Tc	[99]
44	ルテニウム	Ruthenium	Ru	101.07
45	ロジウム	Rhodium	Rh	102.90550
46	パラジウム	Palladium	Pd	106.42
47	銀	Silver	Ag	107.8682
48	カドミウム	Cadmium	Cd	112.411
49	インジウム	Indium	In	114.818
50	スズ	Tin	Sn	118.710
51	アンチモン	Antimony2)	Sb	121.760
52	テルル	Tellurium	Te	127.60
53	ヨウ素	Iodine	I	126.90447
54	キセノン	Xenon	Xe	131.29
55	セシウム	Caesium4)	Cs	132.90543
56	バリウム	Barium	Ba	137.327
57	ランタン	Lanthanum	La	138.9055
58	セリウム	Cerium	Ce	140.115

原子番号	元素	英語	記号	原子量
59	プラセオジム	Praseodymium	Pr	140.90765
60	ネオジム	Neodymium	Nd	144.24
61	プロメチウム	Promethium	Pm	[145]
62	サマリウム	Samarium	Sm	150.36
63	ユウロビウム	Europium	Eu	151.965
64	ガドリニウム	Gadolinium	Gd	157.25
65	テルビウム	Terbium	Tb	158.92534
66	ジスプロシウム	Dysprosium	Dy	162.50
67	ホルミウム	Holmium	Ho	164.93032
68	エルビウム	Erbium	Er	167.26
69	ツリウム	Thulium	Tm	168.93421
70	イッテルビウム	Ytterbium	Yb	173.04
71	ルテチウム	Lutetium	Lu	174.967
72	ハフニウム	Hafnium	Hf	178.49
73	タンタル	Tantalum	Ta	180.9479
74	タングステン	Tungsten	W	183.84
75	レニウム	Rhenium	Re	186.207
76	オスミウム	Osmium	Os	190.23
77	イリジウム	Iridium	Ir	192.217
78	白金	Platinum	Pt	195.08
79	金	Gold	Au	196.96654
80	水銀	Mercury	Hg	200.59
81	タリウム	Thallium	Tl	204.3833
82	鉛	Lead	Pd	207.2
83	ビスマス	Bismuth	Bi	208.98037
84	ポロニウム	Polonium	Po	[210]
85	アスタチン	Astatine	At	[210]
86	ラドン	Radon	Rn	[222]
87	フランシウム	Francium	Fr	[223]
88	ラジウム	Radium	Ra	[226]
89	アクチニウム	Actinium	Ac	[227]
90	トリウム	Thorium	Th	232.0381
91	プロトアクチニウム	Protactinium	Pa	231.03588
92	ウラン	Uranium	U	238.0289
93	ネプツニウム	Neptunium	Np	[237]
94	プルトニウム	Plutonium	Pu	[239]
95	アメリシウム	Americium	Am	[243]
96	キュリウム	Curium	Cm	[247]
97	バークリウム	Berkelium	Bk	[247]
98	カリホルニウム	Californium	Cf	[252]
99	アインスタイニウム	Einsteinium	Es	[252]
100	フェルミウム	Fermium	Fm	[257]
101	メンデレビウム	Mendelevium	Md	[256]
102	ノーベリウム	Nobelium	No	[259]
103	ローレンシウム	Lawrencium	Lr	[262]
104	ラザホージウム	Rutherfordium	Rf	261.1087
105	ドブニウム	Dobnium	Db	262.1138
106	シーボーギウム	Seaborgium	Sg	263.1182
107	ボーリウム	Bohrium	Bh	262.1229
108	ハッシウム	Hassium	Hs	[277]
109	マイトネリウム	Meitnerium	Mt	[278]
110	ダームスタチウム	Darmstadtium	Ds	[281]
111	レントゲニウム	Roentgenium	Rg	[284]
112	コペルニシウム	Copernicium	Cn	[288]
113	ニホニウム	Japanium	Nh	[293]
114	フレロビウム	Flerovium	Fl	[298]
115	モスコビウム	Moscovium	Mc	[299]
116	リバモリウム	Livermorium	Lv	[302]
117	テネシン	Tennessine	Ts	[310]
118	オガネソン	Oganesson	Og	[314]

5. 水の飽和蒸気圧 (単位は Pa)

$t\,[^\circ\mathrm{C}]$	0	1	2	3	4	5	6	7	8	9
0	610.66	656.52	705.40	757.47	812.91	871.91	934.67	1001.4	1072.3	1147.5
10	1227.4	1312.1	1402.0	1497.2	1598.0	1704.8	1817.8	1937.3	2063.6	2197.1
20	2338.1	2486.9	2644.0	2809.6	2984.3	3168.3	3362.2	3566.3	3781.2	4007.2
30	4244.9	4494.7	4757.2	5033.0	5322.4	5626.2	5945.0	6279.2	6629.5	6996.7
40	7381.2	7783.9	8205.4	8646.4	9107.6	9589.9	10094	10621	11171	11745
50	12345	12971	13623	14304	15013	15753	16523	17325	18160	19030
60	19934	20875	21853	22870	23927	25025	26165	27350	28579	29855
70	31179	32552	33976	35452	36981	38566	40208	41909	43669	45491
80	47377	49328	51346	53432	55589	57819	60123	62503	64962	67500
90	70121	72826	75618	78498	81469	84533	87692	90948	94304	97762
100	101325									

6. 水の粘度 (粘性係数) と動粘度

(圧力は 1 atm = 101325 Pa, η の単位は $10^{-3}\,\mathrm{Pa\cdot s}$, v の単位は $10^{-6}\,\mathrm{m^2\cdot s^{-1}}$)

$t\,[^\circ\mathrm{C}]$	$\eta\,[10^{-3}\,\mathrm{Pa\cdot s}]$	$v\,[10^{-6}\,\mathrm{m^2\cdot s^{-1}}]$	$t\,[^\circ\mathrm{C}]$	$\eta\,[10^{-3}\,\mathrm{Pa\cdot s}]$	$v\,[10^{-6}\,\mathrm{m^2\cdot s^{-1}}]$
0	1.792	1.792	40	0.653	0.658
5	1.520	1.520	50	0.548	0.554
10	1.307	1.307	60	0.467	0.475
15	1.138	1.139	70	0.404	0.413
20	1.002	1.0038	80	0.355	0.365
25	0.890	0.893	90	0.315	0.326
30	0.797	0.801	100	0.282	0.295

7. 液体の粘度 (粘性係数)

(圧力は 1 atm = 101325 Pa, 単位は $10^{-3}\,\mathrm{Pa\cdot s}$)

物　質	0 °C	25 °C	50 °C	75 °C	100 °C
アセトン	0.402	0.310	0.247	0.200	0.165
アニリン	9.450	3.822	1.982	1.201	0.808
エチルアルコール	1.873	1.084	0.684	0.459	0.323
ジエチルエーテル	0.288	0.224	0.179	0.146	0.119
四塩化炭素	1.341	0.912	0.662	0.503	0.395
水　銀	1.616	1.528	1.401	1.322	1.255
ひまし油	—	700	125	42.0	16.9
ベンゼン	—	0.603	0.436	0.332	0.263
メチルアルコール	0.797	0.543	0.392	0.294	0.227
硫　酸	—	23.8	11.7	6.6	4.1

8. 弾性に関する定数

次表において，E はヤング率で単位は $\mathrm{Pa} = \mathrm{N \cdot m^{-2}}$，$G$ は剛性率で単位は Pa，σ はポアソン比，k は体積弾性率で単位は Pa，κ は圧縮率で単位は $\mathrm{Pa^{-1}}$．一様な等方性の物質についてはこれらの量の間に次の関係がある．
$E = 2G(1+\sigma) = 3k(1-2\sigma), \quad \kappa = 1/k$

物　質	E [Pa] $\times 10^{10}$	G [Pa] $\times 10^{10}$	σ	k [Pa] $\times 10^{10}$	κ [Pa^{-1}] $\times 10^{-11}$
亜鉛	10.84	4.34	0.249	7.20	1.4
アルミニウム	7.03	2.61	0.345	7.55	1.33
インバール[1]	14.40	5.72	0.259	9.94	1.0
カドミウム	4.99	1.92	0.300	4.16	2.4
ガラス (クラウン)	7.13	2.92	0.22	4.12	2.4
ガラス (フリント)	8.01	3.15	0.27	5.76	1.7
金	7.80	2.70	0.44	21.70	0.461
銀	8.27	3.03	0.367	10.36	0.97
ゴム (弾性ゴム)	$(1.5\text{-}5.0) \times 10^{-4}$	$(5\text{-}15) \times 10^{-5}$	0.46-0.49	—	—
コンスタンタン	16.24	6.12	0.327	15.64	0.64
黄銅 (しんちゅう)[2]	10.06	3.73	0.350	11.18	0.89
スズ	4.99	1.84	0.357	5.82	1.72
青銅 (鋳)[3]	8.08	3.43	0.358	9.52	1.05
石英 (溶融)	7.31	3.12	0.170	3.69	2.7
ジュラルミン	7.15	2.67	0.335	—	—
タングステンカーバイド	53.44	21.90	0.22	31.90	0.31
チタン	11.57	4.38	0.321	10.77	0.93
鉄 (軟)	21.14	8.16	0.293	16.98	0.59
鉄 (鋳)	15.23	6.00	0.27	10.95	0.91
鉄 (鋼)	20.1-21.6	7.8-8.4	0.28-0.30	16.5-17.0	0.61-0.59
銅	12.98	4.83	0.343	13.78	0.72
ナイロン-6,6	0.12-0.29	—	—	—	—
鉛	1.61	0.559	0.44	4.58	2.2
ニッケル (軟)	19.95	7.60	0.312	17.73	0.564
ニッケル (硬)	21.92	8.39	0.306	18.76	0.533
白金	16.80	6.10	0.377	22.80	0.44
パラジウム (鋳)	11.3	5.11	0.393	17.6	0.57
ビスマス	3.19	1.20	0.330	3.13	3.2
ポリエチレン	0.04-0.13	0.026	0.458	—	—
ポリスチレン	0.27-0.42	0.143	0.340	0.400	25.0
マンガニン[4]	12.4	4.65	0.329	12.1	0.83
木材 (チーク)	1.3	—	—	—	—
洋銀[5]	13.25	4.97	0.333	13.20	0.76
リン青銅[6]	12.0	4.36	0.38	—	—

[1] 36Ni,63.8Fe,0.2C, [2] 70Cu,30Zn, [3] 85.7Cu,7.2Zn,6.4Sn, [4] 84Cu,12Mn,4Ni,
[5] 55Cu,18Ni,27Zn, [6] 92.5Cu,7Sn,0.5P.

9. 日本各地の重力実測値

g は国土地理院による重力実測値．高さ (H) で，小数点第2位まで記載してあるものは，水準測量により決定したものであり，北海道については昭和47年網平均の値．北海道以外は，昭和44年網平均の値に基づいている．ただし，新十津川，函館，弘前，鹿野山は2000年度平均成果の値に基づいている．(3) 高さ (H) で，小数点以下の数値が記載していないものは，地図からの読み取りなどにより，高さを決定したものである．緯度・経度は，日本測地系2000による．

地 名	緯 度 ϕ			経 度 λ			高 さ H [m]	重力実測値 g [m/s^2]
稚 内	45°	24′	57	141°	40′	47	3	9.8064260
利 尻	45	14	48	141	13	52	65	9.8066973
名 寄	44	21	52	142	27	40	96	9.8057410
網 走	44	01	07	144	16	46	37.82	9.8058914
留 萌	43	56	47	141	37	56	23.81	9.8056089
新十津川	43	31	44	141	50	41	82.79	9.8049555
根 室	43	19	52	145	35	07	20	9.8068342
札 幌	43	04	24	141	20	24	15	9.8047757
帯 広	42	55	21	143	12	45	39.31	9.8041812
千 歳	42	47	09	141	40	48	22	9.8042157
長万部	42	30	30	140	22	23	5.72	9.8042190
函 館	41	49	01	140	45	12	34.56	9.8040068
青 森	40	49	18	140	46	09	2.44	9.8031106
弘 前	40	35	18	140	28	24	50.92	9.8026120
八 戸	40	31	39	141	31	19	27.05	9.8036130
盛 岡	39	41	56	141	09	56	153	9.8018966
秋 田	39	43	46	140	08	12	27.93	9.8017580
宮 古	39	38	49	141	57	55	45.83	9.8027033
大 槌	39	21	05	141	56	04	3.64	9.8025153
江 刺	39	09	04	141	19	54	391.12	9.8012174
水 沢	39	06	40	141	12	13	123.50	9.8016875
大船渡	39	03	55	141	42	53	37.53	9.8021062
酒 田	38	54	32	139	50	36	3.36	9.8007154
新 庄	38	45	25	140	18	40	100.74	9.8006014
仙 台	38	15	05	140	50	41	127.77	9.8006583
山 形	38	14	51	140	20	57	168.33	9.8001492
いわき	36	56	52	140	54	11	3.17	9.8000851
相 川	38	01	45	138	14	25	4.80	9.8007678
新 潟	37	54	45	139	02	54	2.67	9.7997547
長 岡	37	25	26	138	46	35	58.97	9.7993145
筑 波	36	06	13	140	05	13	21.89	9.7995104
銚 子	35	44	20	140	51	20	20.04	9.7986694
成 田	35	45	52	140	23	05	40	9.7985733
前 橋	36	24	19	139	03	39	111.21	9.7982970
川 越	35	53	14	139	31	28	7.81	9.7984491
勝 浦	35	09	04	140	18	43	12	9.7981546
鹿野山	35	15	19	139	57	22	351.25	9.7969081
羽 田	35	32	56	139	47	02	−2	9.7975962
油 壷	35	09	34	139	36	55	4.77	9.7977465
松 代	36	32	38	138	12	11	409.55	9.7977414
飯 田	35	30	04	137	49	57	467.04	9.7966698
甲 府	35	40	03	138	33	15	273	9.7970592
箱 根	35	14	40	139	03	35	426.90	9.7970929
大 島	34	45	00	139	21	47	76	9.7982986
三宅島	34	07	27	139	31	19	36	9.7980044
鳥 島	30	29	05	140	17	22	86.26	9.7952895
父 島	27	05	33	142	11	28	2	9.7943967

9. 日本各地の重力実測値

地 名	緯 度 ϕ			経 度 λ			高 さ H [m]	重力実測値 g [m/s^2]
静 岡	34°	58′	34	138°	24′	13	15	9.7974163
掛 川	34	45	36	138	01	44	60.26	9.7972554
御前崎	34	36	17	138	12	48	41.95	9.7974230
浜 松	34	42	37	137	43	10	33.05	9.7973458
富 山	36	42	33	137	12	09	9.38	9.7986751
金 沢	36	32	45	136	42	29	106	9.7984171
高 山	36	09	21	137	15	13	560.51	9.7968513
福 井	36	03	19	136	13	22	8.97	9.7983819
岐 阜	35	24	02	136	45	45	12.12	9.7974584
名古屋	35	09	18	136	58	08	46.21	9.7973254
津	34	44	00	136	31	10	−1.31	9.7971508
鳥 羽	34	27	58	136	50	50	5	9.7973063
舞 鶴	35	27	04	135	19	06	2.73	9.7979498
京 都	35	01	45	135	47	01	59.78	9.7970768
奈 良	34	41	40	135	49	43	104.87	9.7970472
伊 丹	34	47	31	135	26	23	15.43	9.7970348
和歌山	34	13	46	135	09	50	13.20	9.7968932
潮 岬	33	27	04	135	45	39	74.16	9.7972690
鳥 取	35	29	16	134	14	17	8	9.7979065
岡 山	34	39	39	133	54	58	−0.70	9.7971154
三 次	34	48	21	132	51	06	156	9.7967698
須 佐	34	37	40	131	36	17	3.02	9.7972950
広 島	34	22	21	132	28	00	0.98	9.7965866
山 口	34	09	38	131	27	16	16.94	9.7965888
下 関	33	56	55	130	55	35	0.06	9.7967536
高 松	34	19	04	134	03	15	9	9.79698.83
室 戸	33	15	07	134	10	37	186.17	9.7962951
高 知	33	33	26	133	32	02	−0.92	9.7962572
松 山	33	50	38	132	46	39	34	9.7959573
福 岡	33	35	53	130	22	32	31.27	9.7962859
大 分	33	14	11	131	37	10	4.98	9.7954181
延 岡	32	37	01	131	34	37	170	9.7946562
熊 本	32	49	02	130	43	41	22.76	9.7955162
長 崎	32	44	03	129	52	05	23.69	9.7958803
福 江	32	41	43	128	49	37	26	9.7957416
宮 崎	31	56	18	131	24	50	5	9.7942949
姶 良	31	49	24	130	36	01	279.06	9.7943146
鹿児島	31	33	19	130	32	54	5	9.7947118
名 瀬	28	22	48	129	29	45	3.70	9.7925040
那 覇	26	12	27	127	41	12	21.09	9.7909592
石垣島	24	20	12	124	09	50	6.67	9.7900606
宮古島	24	47	42	125	16	41	40	9.7899748
西表島	24	17	03	123	52	55	20	9.7901226
父 島	27	05	33	142	11	28	2	9.7943967

10. 水の表面張力 (γ)

(単位は 10^{-3} N·m^{-1})

t [°C]	γ	t [°C]	γ	t [°C]	γ	t [°C]	γ	t [°C]	γ
−5	76.40	16	73.34	21	72.60	30	71.15	80	62.60
0	75.62	17	73.20	22	72.44	40	69.55	90	60.74
5	74.90	18	73.05	23	72.28	50	67.90	100	58.84
10	74.20	19	72.89	24	72.12	60	66.17	110	56.89
15	73.48	20	72.75	25	71.96	70	64.41	120	54.89

11. 種々の物質の表面張力 (γ)

(単位は 10^{-3} N·m^{-1})

物　質	接触させる気体	t [°C]	γ
水素 (液体)	その蒸気	−253.1	1.98
ヘリウム (液体)	その蒸気	−268.9	0.098
ヘリウム (液体)	その蒸気	−271.6	0.354
窒素 (液体)	その蒸気	−203.1	10.53
酸素 (液体)	その蒸気	−183.6	13.5
アンモニア水 (20%)	空気	18	59.3
エチルアルコール	窒素	20	22.27
オリーブ油[1]	空気	20	32
グリセリン	空気	20	63.4
クロロホルム	空気	20	27.28
酢酸	空気	20	27.7
ジエチルエーテル	その蒸気	20	16.96
四塩化炭素	空気	20	27.63
ジオキサン	その蒸気	20	33.55
石油	空気	18	26
トルエン	その蒸気	20	28.53
ニトロベンゼン	空気	20	43.35
二硫化炭素	空気	20	35.3
パラフィン油[2]	空気	25	26.4
ヘキサン	空気	20	18.42
ベンゼン	空気	20	28.86
メチルアルコール	窒素	20	22.55
硫酸 (98.5%)	空気	20	55.1
水銀	窒素	25	482.1
鉛	水素	350	442
鉄	ヘリウム	1570	1720
金	水素	1200	1120
塩化ナトリウム	空気	803	117.6

[1] 密度 0.91, [2] 密度 0.847.

12. 固体の比熱 $c[\text{cal}/(\text{g}\cdot\text{deg})]$

固体	温度 °C	$c\left[\dfrac{\text{cal}}{\text{g}\cdot\text{deg}}\right]$	固体	温度 °C	$c\left[\dfrac{\text{cal}}{\text{g}\cdot\text{deg}}\right]$
亜 鉛	20	0.0925	銅	20	0.0919
アルミニウム	20	0.211	鉛	20	0.0304
アンチモン	20	0.050	白 金	20	0.0316
金	20	0.0309	しんちゅう	18～100	0.0925
銀	20	0.0560	洋 銀	0～100	0.095
すず (白)	20	0.0541	ガラス	室 温	0.14-0.22
ビスマス	20	0.029	氷	0	0.487
タングステン	20	0.0321	コンクリート	室 温	約 0.20
鉄	20	0.107	木 材	室 温	約 0.30

13. 液体の比熱 $c[\text{cal}/(\text{g}\cdot\text{deg})]$

液体	温度 °C	$c\left[\dfrac{\text{cal}}{\text{g}\cdot\text{deg}}\right]$	液体	温度 °C	$c\left[\dfrac{\text{cal}}{\text{g}\cdot\text{deg}}\right]$
エチルアルコール	21	0.57	水	0	1.0094
〃 〃	100	0.82	〃	15	1.0011
メチルアルコール	19	0.59	〃	50	0.9987
エチルエーテル	17	0.55	〃	100	1.0074
石 油	18—20	0.47	水 銀	20	0.0333

14. 気体の比熱 c_v または c_p [1 atm]

気体	温度 °C	c_p	c_p/c_v	気体	温度 °C	c_p	c_p/c_v
空 気	16	0.2399	1.403	炭酸ガス	16	0.200	1.302
酸 素	16	0.2203	1.396	窒 素	16	0.247	1.405
水 気	100	0.490	1.33	ヘリウム	−180	1.25	1.66
水 素	0	3.39	1.416	メタン	15	0.528	1.31

15. 固体の線膨張率

物 質	α [K^{-1}]			
	100 K	293 K (20 °C)	500 K	800 K
単 体		×10^{-6}		
亜鉛	24.5	30.2	32.8	—
アルミニウム	12.2	23.1	26.4	34.0
アンチモン	9.1	11.0	11.7	11.7
イリジウム	4.4	6.4	7.2	8.1
インジウム	25.4	32.1	—	—
オスミウム	—	4.7	—	—
カドミウム	26.9	30.8	36.0	—
カリウム	—	85		
カルシウム		22 (0-300 °Cの平均値)		
金	11.8	14.2	15.4	17.0
銀	14.2	18.9	20.6	23.7
クロム	2.3	4.9	8.8	11.8
ケイ素	−0.4	2.6	3.5	4.1
ゲルマニウム	2.4	5.7	6.5	7.2
コバルト	6.8	13.0	15.0	15.2
ジルコニウム		5.4 (20-200 °C)		
スズ	16.5	22.0	27.2	—
セレン (多結晶)		20.3 (−78-19 °C)		
セレン (無定形)		48.7 (0-21 °C)		
炭素 (ダイヤモンド)	0.05	1.0	2.3	3.7
炭素 (石墨)	—	3.1	3.3	3.6
タングステン	2.6	4.5	4.6	5.0
タンタル	4.8	6.3	6.8	7.2
チタン	4.5	8.6	9.9	11.1
鉄	5.6	11.8	14.4	16.2
テルル	—	16.8	—	—
銅	10.3	16.5	18.3	20.3
トリウム		11.3 (20-100 °C)		
ナトリウム		70 (0-50 °C)		
鉛	25.6	28.9	33.3	—
ニッケル	6.6	13.4	15.3	16.8
白金	6.6	8.8	9.6	10.3
パラジウム	8.0	11.8	13.2	14.5
バナジウム	5.1	8.4	9.9	10.9
バリウム		18.1-21.0 (0-300 °C)		
ビスマス	12.3	13.4	12.7	—
ベリリウム	1.3	11.3	15.1	19.1
ホウ素	—	4.7	5.4	6.2
マグネシウム	14.6	24.8	29.1	35.4
マンガン α		22.3 (0-20 °C)		
マンガン β		18.7-24.9 (0-20 °C)		
マンガン γ		14.8 (0-20 °C)		
モリブデン		3.7-5.3 (20-100 °C)		
リチウム		56 (0-100 °C)		
ロジウム	5.0	8.2	9.3	10.8
合 金				
アルミニウムブロンズ (90Cu,5Al,4.5Ni)	12-14	15.9	18.1	20.3
コンスタンタン (65Cu,35Ni)	11.2	15.0	17.4	19.2
黄銅 (しんちゅう) (67Cu,33Zn)	—	17.5	20.0	22.5
ジュラルミン	13.1	21.6	27.5	30.1

物質	$\alpha\,[\mathrm{K}^{-1}]$			
	100 K	293 K(20 °C)	500 K	800 K
合金		$\times 10^{-6}$		
青銅 (85Cu,15Sn)	—	17.3	19.3	21.9
ステライト (65Co,25Cr,10W)	6.9	11.2	14.6	17.2
ステンレス鋼 (18Cr,8Ni)	11.4	14.7	17.5	20.2
スペキュラム		16 (20-100 °C)		
炭素鋼	6.7	10.7	13.7	6.2
ニッケル鋼 (64F,36Ni)[1])	1.4	0.13	5.1	17.1
(50Fe,50Ni)	—	9.4	9.6	12.5
白金イリジウム (90Pt,10Ir)	—	8.7	—	—
砲金 (80Cu,20Sn)	—	17-18		
フェルニコ (54Fe,31Ni,15Co)		5.0 (25-300 °C)		
マグナリウム (90Al,10Mg)	—	約 23		
マンガニン		18.1 (20-100 °C)		
モネルメタル (63Ni,30Cu,Fe,Mn,Pb)		15.9-16.7 (25-600 °C)		
リン青銅		17.0	20.0	—
Y合金		22		
酸化ウラン (UO2)		11.5 (20-720 °C)		
酸化チタン (TiO2)		9		
スズ (灰色)		5.3 (−163-18 °C)		
セレン化鉛	—	20		
テルル化鉛	—	27		
硫化カドミニウム (軸に ∥)	—	4		
(軸に ⊥)	—	6		
硫化鉛		19 (40 °C)		
その他				
エボナイト	—	50-80	—	—
花コウ岩	—	4-10	—	—
ガラス (平均)		8-100 (0-300 °C)		
ガラス (フリント)	—	8-9	—	—
ガラス (パイレックス)	—	2.8	—	—
岩塩		40.4 (40 °C)		
氷	0.8 (−200°C), 33.9 (−100 °C), 45.6 (−50 °C), 52.7 (0 °C)			
ゴム (弾性)		77 (16.7-25.3 °C)		
コンクリート,セメント	—	7-14	—	—
スレート,砂岩	—	5-12	—	—
磁器 (絶縁)	—	2-6	—	—
水晶 (軸に ∥)	4.0	6.8	11.4	31.4
(軸に ⊥)	9.1	12.2	19.5	37.6
溶融石英	—	0.4-0.55	—	—
セルロイド	—	90-160	—	—
大理石	—	3-15	—	—
パラフィン	106.6 (0-16 °C), 130.3 (16-38 °C), 477.1 (38-49 °C)			
方解石 (軸に ∥)		26.3 (0-80 °C)		
(軸に ⊥)		5.44 (0-80 °C)		
ポリエチレン	—	100-200	—	—
ポリスチレン	—	34-210	—	—
ポリメタクリル酸メチル	—	80	—	—
ホタル石	—	19	—	—
ベークライト	—	21-33	—	—
レンガ	—	3-10	—	—
木材 (繊維に ∥)	—	3-6	—	—
(繊維に ⊥)	—	35-60	—	—

[1] インバール

16. 気体中の音速度

物質	密度 ρ [kg·m^{-3}] (0 °C, 1 atm)	音速度 c [m·s^{-1}] (0 °C, 1 atm)	c の温度係数 Δ [m·s^{-1}°C^{-1}] (0 °C)
アンモニア	0.7710	415	0.73
アルゴン	1.7837	319	—
一酸化炭素	1.2504	337	0.604
一酸化二窒素	1.3402	325	—
エタン	1.3566	308 (10°C)	—
エチレン	1.2604	314	0.56
塩素	3.214	205.3	—
空気 (乾燥)	1.2929	331.45	0.607
酸化窒素	1.9778	258	—
酸素	1.4290	317.2	0.57
水蒸気 (100 °C)	0.5980	404.8	—
水素	0.08988	1269.5	2.00
重水素	0.1784	890	1.58
窒素	1.25055	337	0.85
二酸化硫黄	2.9269	211	—
二酸化炭素	1.9769	258 (低周波)→ 268.6 (高周波)	0.87
ネオン	0.90035	435	0.78
ヘリウム	0.17847	970	1.55
メタン	0.7168	430	0.62
硫化水素	1.539	289	—

17. 光の屈折率

物質	波長	赤線 C(H$_\alpha$) 656.3nm	黄色 D (Na) 589.6nm	青線 F (H$_\beta$) 486.1nm
水	18°C	1.3314	1.3332	1.3373
メチルアルコール	20°C	1.3277	1.3290	—
エチルアルコール	20°C	1.3605	1.3618	—
ベンゼン	20°C	—	1.5012	—
二硫化炭素	18°C	1.6199	1.6291	1.6541
クラウンガラス	軽	1.5127	1.5153	1.5214
	重	1.6126	1.6152	1.6213
フリントガラス	軽	1.6038	1.6085	1.6200
	重	1.7434	1.7515	1.7723
方解石	常光	1.6545	1.6585	1.6679
	異常光	1.4846	1.4864	1.4908
水晶	常光	1.5418	1.5442	1.5496
	異常光	1.5509	1.5533	1.5589

18. 主要なスペクトル線の波長

(単位は nm)

水　素	カリウム	カドミウム
656.285	769.898	643.847
656.273	766.491	508.582
486.133	691.130	479.992
434.047	404.722	467.815
410.174	404.414	361.051
	クリプトン	346.620
ヘリウム	769.454	340.365
2058.09	760.154	326.106
388.865	758.741	228.802
	605.613	
ネオン	587.092	水　銀
724.517	557.029	1013.98
717.394	467.161	690.716
650.653	462.428	579.065
640.225	446.369	576.959
626.650	445.392	546.074
614.306	437.612	435.835
588.190	431.958	434.750
585.249	427.397	407.781
540.056	378.313	404.656
534.109	377.809	365.015
470.885	365.397	312.566
470.440	363.187	296.728
453.775	241.841	253.652
352.047	228.779	
336.991	228.307	
ナトリウム		
589.592		
588.995		

19. 金属の電気抵抗

金属	抵抗率 ρ [Ω·m]			平均温度係数 $\alpha_{0,100}$ [deg^{-1}]
	0 °C	100 °C	300 °C	
	×10^{-8}			×10^{-3}
亜鉛	5.5	7.8	13.0	4.2
アルミニウム	2.50	3.55	5.9	4.2
アルメル	28.1	34.8	43.8	2.4
アンチモン	39	59	—	5.1
イリジウム	4.7	6.8	10.8	4.5
インジウム	8.0	12.1	36.7	5.1
インバール	75			2
オスミウム	8.1	11.4	17.8	4.1
カドミウム	6.8	9.8	—	4.4
カリウム	6.1	17.5	28.2	19
カルシウム	3.2	4.75	7.8	5
金	2.05	2.88	4.63	4.0
銀	1.47	2.08	3.34	4.1
クロム	12.7	16.1	25.2	2.7
クロメル P	70.0	72.8	79.3	0.04
コバルト	5.6	9.5	19.7	7
コンスタンタン	49	—	—	—
ジルコニウム	40	58	88	4.5
黄銅 (しんちゅう)	6.3	—	—	—
水銀	94.1	103.5	128	1.0
スズ	11.5	15.8	50	3.7
ストロンチウム	20	30	52.5	5
青銅	13.6	—	—	—
セシウム	21 (20 °C)			4.8
ビスマス	107	156	129	4.6
タリウム	15	22.8	38	5
タングステン	4.9	7.3	12.4	5
タンタル	12.3	16.7	25.5	3.6
ジュラルミン (軟)	3.4 (室温)			—
鉄 (純)	8.9	14.7	31.5	6.5
鉄 (鋼)	10-20 (室温)			1.5-5
鉄 (鋳)	56-114 (室温)			
銅	1.55	2.23	3.6	4.4
トリウム	14.7	20.8	32.5	4.1
ナトリウム	4.2	9.7	16.8	13
鉛	19.2	27	50	4.1
ニクロム	107.3	108.3	110.0	0.09
ニッケリン	27-45 (室温)			0.2-0.34
ニッケル	6.2	10.3	22.5	7
白金	9.81	13.6	21.0	3.9
白金ロジウム	18.7	21.8	—	1.7
パラジウム	10.0	13.8	21	3.8
ヒ素	26	—	—	
プラチノイド	34-41 (室温)			0.25-0.32
ベリリウム	2.8	5.3	11.1	9
マグネシウム	3.94	5.6	10.0	4.2
マンガン	41.5	—	—	
モリブデン	5.0	7.6	12.7	5
洋銀	40	—	—	
リチウム	8.55	12.4	30	4.5
リン青銅	2-6 (室温)			—
ルビジウム	11.0	27.5	48	15
ロジウム	4.3	6.2	10.2	4

* 白金 90, ロジウム 10 のもの. 1) 20°C 2) 室温

20. わが国各地の地磁気要素 (2000.0 年値)

国土地理院が実施している地磁気測量の成果による.

測定点名	緯度(N) ° ′	経度(E) ° ′	偏角(W) ° ′	伏角 ° ′	水平分力 nT
礼文島	45 25.5	141 02.5	8 46.5	60 20.4	25215
滝の上	44 12.1	143 2.3	9 25.8	58 18.9	26296
旭川	43 57.2	142 37.1	9 41.5	58 03.0	26470
留萌	43 50.5	141 35.3	9 10.6	58 02.7	26624
標津	43 38.1	145 10.1	8 37.6	57 50.8	26228
釧路	43 08.5	144 13.2	8 16.5	57 37.9	26399
帯広	42 59.3	143 19.9	8 44.1	57 10.1	26727
今金	42 24.3	140 00.5	9 25.3	56 56.5	27136
茅部	41 57.6	140 55.4	8 37.7	56 24.8	27277
大館	40 18.6	140 22.1	8 48.6	54 40.7	28058
酒田	38 51.0	139 47.4	8 03.9	53 02.0	28961
石巻	38 29.5	141 10.9	8 04.5	52 51.5	28933
出雲崎	37 30.9	138 39.6	7 50.3	51 48.7	29536
若松	37 22.8	139 49.3	7 46.5	51 18.4	29435
十日町	37 05.4	138 46.1	7 39.2	51 12.8	29851
氷見	36 52.3	136 55.0	7 50.6	51 03.9	30023
富岡	36 12.7	138 54.9	7 24.4	50 13.5	30004
鳥取	35 25.0	134 18.5	7 27.1	49 44.0	30918
今津	35 24.8	135 59.2	7 21.3	49 31.5	30645
松江	35 23.3	133 01.3	7 38.6	50 32.6	30607
浜松	34 59.5	137 56.3	6 56.0	48 42.3	30619
岡山	34 46.9	133 47.2	7 24.1	49 08.3	31201
山口	34 17.6	131 25.2	7 01.8	48 47.3	31615
淡路	34 17.4	134 40.6	7 05.8	48 19.0	31237
川之江	33 56.8	133 39.1	7 00.8	48 06.1	31419
長崎	32 51.5	129 45.0	6 40.1	47 17.5	32186
中村	32 48.6	132 45.4	6 41.2	46 46.2	31986
種子島	30 44.0	131 04.0	5 58.7	44 06.8	32964

注: 付表は理科年表平成 24 年度版 (国立天文台 編, 丸善株式会社発行) より抜粋または編集した.

物理学実験
ぶつりがくじっけん

2013 年 4 月 10 日	第 1 版 第 1 刷	発行
2022 年 9 月 10 日	第 1 版 第 5 刷	発行

編 者 近畿大学理工学部物理学実験室
発 行 者 発田和子
発 行 所 株式会社 学術図書出版社

〒113-0033 東京都文京区本郷 5 丁目 4 の 6
TEL 03-3811-0889 振替 00110-4-28454
印刷 三和印刷 (株)

定価は表紙に表示してあります．

本書の一部または全部を無断で複写 (コピー)・複製・転載することは，著作権法でみとめられた場合を除き，著作者および出版社の権利の侵害となります．あらかじめ，小社に許諾を求めて下さい．

© 2013 近畿大学理工学部物理学実験室 Printed in Japan
ISBN978-4-7806-0344-6 C3042